新特産シリーズ

パッションフルーツ

プロから家庭栽培まで

米本仁巳・近藤友大＝著

農文協

まえがき

パッションフルーツはトロピカルな雰囲気を想起させる強い香りと爽やかな酸味で、一度食べたら忘れることはできない果物である。筆者もその一人だが、熱帯・亜熱帯の国々を旅するなかで出会い、その魅力に病みつきになった人も多いのではないだろうか。日本の国内でも、少しずつだが果実そのものや、鮮烈な香りをいかした加工品を目にする機会も増えてきた。事実、近年（二〇一七年）パッションフルーツの生産量は五〇〇tを超え、栽培面積も五〇haを超えて、国内で栽培されている熱帯果樹としてパイナップル、マンゴーに次ぐ三位にまでなっている。

植物としてパッションフルーツの特徴は、つる性で、支柱や棚に沿わせて結果枝を垂らし、トマトなどの果菜類のように栽培できることである。他の果樹のように樹を仕立てる手間や、面倒な整枝せん定がほとんどいらない。着花すればほとんど結実して、成らせるのは容易である。また、地球温暖化のなか栽培の工夫次第では日本のかなり広い範囲で無加温での栽培が可能になっている。

楽しみ方としても、果実だけでなくそれこそパッショネート（情熱的）で豪華な花は見ていて飽きないし、葉とともにグリーンカーテンとして利用すれば夏の強い日射しを避けながら目を楽しませてくれる。そうしたことから最近ではホームセンターでパッションフルーツの苗を見ることも多く、家庭での栽培も広がりつつある。

ようやく果物として知られるようになり、プロ農家のみならず家庭での栽培も広がるパッションフルーツだが、栽培技術の手引き書となるとほとんど見当たらない。わずかに本書発行元の農文協から本書の共著者でもある米本仁巳氏による『庭先でつくるトロピカルフルーツ』や、『農業技術大系果樹編　第七巻　特産果樹』に収められた解説があるくらいだった。前者は三四種のうちの一つとして限られた内容であり、後者は多少専門的である。

そこで、本書ではこのところ増えている栽培管理に関する研究成果や得られた知見を元に、これからパッションフルーツをつくり楽しんでみたいと思われる方々に、その手引きとなるよう栽培の実際を紹介した。これを機会にパッションフルーツを愛し、親しんでもらえるようになれば幸いである。

近藤　友大

二〇二〇年五月

目次

第3章 それぞれの系統の特性といかし方

第5章　収穫までの栽培管理

第1章　パッションフルーツの魅力

1　魅力の果実、香り、花

(1) パンチのきいた香り（加工品の香り付けにも最適）

パッションフルーツの最大の魅力はなんといってもその香りだ。パッションフルーツの名前の通り、香りはパッショネート（情熱的）でパンチがきいている（パッションフルーツの名前の由来は〝情熱〟ではないけれども）。果実を一つ部屋に置いておくだけで、部屋全体にトロピカル情緒いっぱいの香りが漂う。そのため多くのトロピカルジュースやミックスジュースなどの香り付けに、果汁が用いられている。また、香りを楽しむタバコや葉巻の香り付け原料としても利用されている（写真1―1）。

写真1－1　最大の魅力は香り
部屋に1個置いておくだけでトロピカル情緒いっぱいの香りが漂う

(2) 高い糖と酸含量（育種、栽培法の確立で酸っぱくなくなってきた）

パッションフルーツを大別すると、ムラサキクダモノトケイソウとキイロトケイソウとに分けられる（写真1－2）。

ムラサキクダモノトケイソウは、果実は小さいが酸は三%以下と少ないので、生食用として用いられる。キイロトケイソウは大玉で果汁が多いが、酸を多く含む（三～五%）ので、おもに加工用として用いられる。現在栽培されている多くの品種はこれらの交雑種で、キイロトケイソウとムラサキクダモノトケイソウの中間的な性質をもち、Brix糖度は一五～二〇、酸含量は二～四%である。近年、施肥・潅水などの栽培方法の確立や、育種によって酸含量が二%を切るような、酸っぱくない、生食に適した果実も生産されている（表1－1）。

写真1−2　キイロトケイソウとムラサキクダモノトケイソウの果実比較
①キイロトケイソウ，②交雑種，③ムラサキクダモノトケイソウ，④交雑種（サニーシャイン）
ムラサキクダモノトケイソウの果実は小さい（果径5〜6cm）。キイロ（果径6〜7cm）と交雑種はほぼ同じ大きさで，色が違うだけ

表1−1　ムラサキクダモノトケイソウ，キイロトケイソウ，交雑種の果実品質

系統	果実重（g）	酸含量（%）	Brix（糖度）	グルコース（%）	スクロース（%）	フルクトース（%）
ムラサキクダモノトケイソウ	30.8	0.9	15.3	5.8	1.3	5.2
交雑種（サマークイーン）	81.5	2.4	17.5	5.6	2.9	5.3
キイロトケイソウ	116.2	3.6	17.0	5.2	1.2	5.8

（『熱帯農業研究』5巻別1，59−60，近藤・樋口より作成）

写真1―3　パッションフルーツの可食部
黄色い果肉に包まれた多数の種子が三角形に並んでおり，スプーンですくって種子ごと食べる。種子にはポリフェノールも多く含まれる

(3)　果実は半分に切ってそのまま器に

生食の場合、果実を縦または横に半分に切り、果汁がこぼれないように果皮を器代わりとして使うことができる。果皮の内側に、黄色い果肉に包まれた多数の種子が三角形に並んでいる（写真1―3）。この黄色い果肉が可食部だが、スプーンですくって種子ごと食べる。種子ごと食べることに抵抗感があるかもしれないが、種子のポリフェノール含量が高く、またバリバリとした食感は癖になるのでぜひ試してもらいたい。黄色い果肉の、種子に近いところは酸っぱく、離れたところは甘い。口に入れた瞬間の味と、種子をかんだときの味の変化も楽しんでほしい。

また、果実を半分に切り、果肉をスプーンで混ぜた後、焼酎などの蒸留酒を注げば即席のカクテルも楽しめる（128ページ写真6―8参照）。

写真1－4　追熟後に皺が発生する（左の1個を除いた4個）

(4) 皮が硬く輸送性、棚持ちに優れる

果皮は三～六mmの厚さがあり硬く、表面にワックス状のクチクラ層があるので輸送性に優れる。保存環境にもよるが、収穫から一～二週間で果実は萎れてくる（写真1－4）。果梗のあった場所をセロハンテープなどでふさいでやるだけで、萎れを抑制することができる。また、有孔ポリ袋に入れて冷蔵保存すれば、果皮の萎れを防ぎながら一ヵ月程度は保存できる。

(5) パッショネートな花は観賞性も十分

パッションフルーツの花は、豪華な見た目でまさにパッショネートである。しかし、パッションフルーツの名前の由来は、情熱（パッション）ではない。スペインの宣教師がブラジルでこの花を見て、十字架にかけられたキリストの受難（パッション）を連想したことに由来する。パッションフルーツの花は、ヨーロッパにおいて一六〇〇年頃には観賞用として大評判となった（写真1－5）。

写真1−5　観賞性に優れた *Passiflora*属の多様な花

①*P. liglaris*, ②*P. alata*, ③不明, ④*P. laurifolia*, ⑤不明, ⑥*P. quadrangularis*, ⑦*P. foetida*

2　栽培は容易、家庭でも楽しめる作型も

(1)　植えてから花が咲くまで早く、人工受粉で着果もほぼ一〇〇%

温度や潅水頻度、施肥にもよるが、一五℃以上の温度と十分な土壌水分・肥料があれば、グングン成長する。そして一一時間以上の日長があれば、花蕾が着き（写真1−6）やがて開花する。条件さえよければ、人工受粉によって一〇〇%に近い確率で着果させられる。家庭であれば、八号程度の鉢に支柱を立て、アサガオのようにぐるぐる巻き付けながらでも、花と果実を楽しむことが可能である（図1−1）。

(2)　果実肥大も早い

花蕾が出て二〜三週間で開花するが、開花時に人工受粉すると、その後三日ほどで子房が急速に肥大してくる。その後も三週間ほど肥大を続けて、果実の大きさはほぼ最大値となる（図1−2）。その後は果実中に果汁を貯めていく。気温にもよるが、開花から二ヵ月ほどで収穫できる。

写真1－6　葉腋に着くパッションフルーツの花芽（花蕾）

図1－1　アサガオのようにつるを巻き付ける簡単な仕立て方でも楽しめる

(3)　生育旺盛なのでグリーンカーテンにもなる

高温期には一週間で一m程度も成長する。つる性で、節ごとに巻きひげをつけてネットや支柱に巻き付きながら成長していき、巻きひげは硬化するとなかなかちぎれないので、グリーンカーテンを容易につくることができる（写真1－7）。

(4) 育種も容易

世界で商業的に栽培されているのは、キイロトケイソウ、ムラサキクダモノトケイソウと、それらの交雑種がほとんどで、これらは多くが互いに交雑も可能である。したがって、さまざまな特性をも

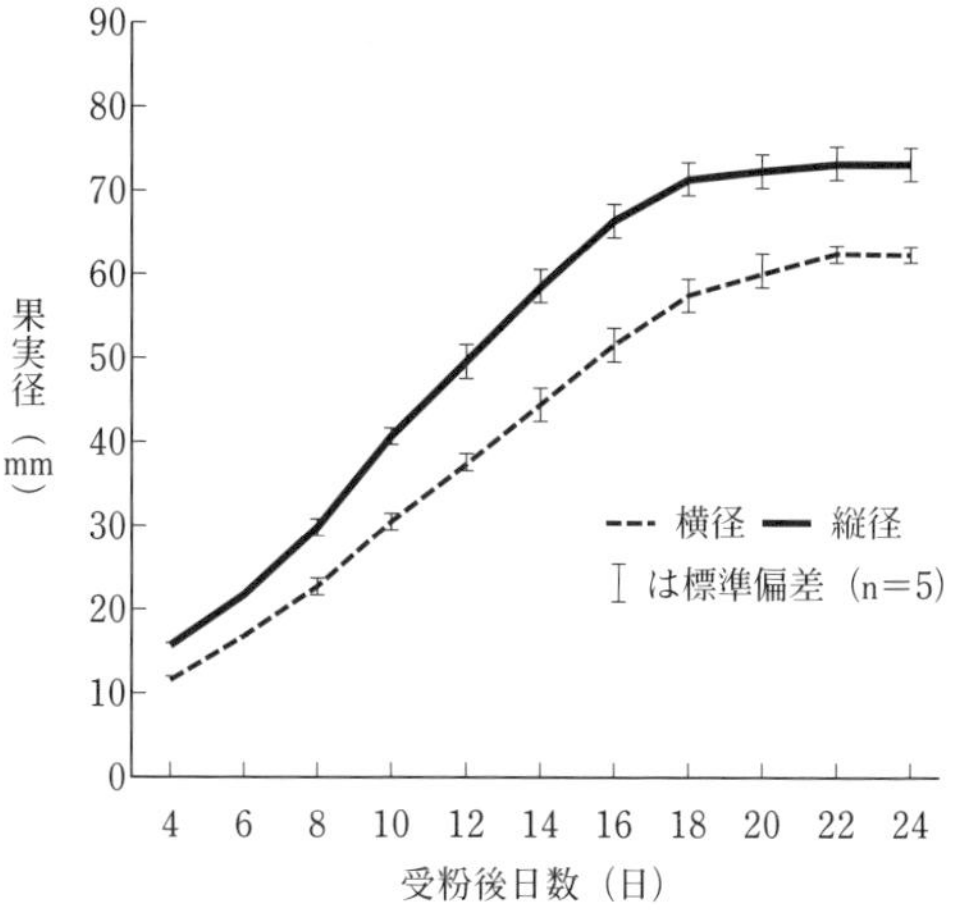

図1−2 パッションフルーツ果実肥大曲線
注）品種はY-3号，2020年3月1日受粉

写真1−7 パッションフルーツのグリーンカーテン
（宮崎県の民家）

写真1－8　市販の果実から取り出した種子を播種して育苗中

つ系統を栽培し、交雑して得られた果実の種子を栽培し、育てれば、容易に新しい系統を育成できる。上手に栽培すれば、播種から一年以内に開花・結実するので、糖度、酸度、果汁量、果実重量、果皮色など果実品質や、耐寒性、耐暑性、収量、自家結実性など栽培特性も考慮して、優良系統を選抜できる。

　優良系統があれば、その枝を挿し木繁殖して栽培するか、他の株に接ぎ木することですぐに結実させることも可能である。買ってきた果実の種子を播いて栽培すれば、家庭でも優良な系統を得られる可能性も十分にある（写真1－8）。

3　健康果実、若返り効果（栄養価）もスゴイ！

(1)　高い栄養価、多いビタミン

パッションフルーツには各種ビタミンなど、さまざまな栄養成分が含まれる。体内でビタミンAに変化するβカロテンは、緑黄色野菜に多く含まれる栄養素だが、パッションフルーツ果汁一〇〇㎖（果実三個程度）にも一一〇〇μg含まれ、これはカキやミカンの一〇倍程度で、果物としては比較的多い。βカロテンは体内で必要な量だけビタミンAに変換され、残りは体内で抗酸化作用を示し、免疫力を高める効果もある。

また、ビタミンB群も豊富に含まれる。とくに多いのは、ビタミンB_2、ビタミンB_3（ナイアシン）、ビタミンB_5（パントテン酸）、ビタミンB_6、ビタミンB_9（葉酸）である。ビタミンB_2は果汁一〇〇㎖に〇・〇九mg含まれるが、これは一日に必要な量のおよそ半分である。ナイアシンはアボカドと並んで、果物としてはもっとも多い部類である。美容に欠かせないビタミンB_6も多く含まれている。葉酸は造血のビタミンともいわれるが、とくに妊娠中の女性は通常の摂取推奨量に二四〇μgの追加摂取が推奨されている。パッションフルーツ果汁一〇〇㎖にはこの三分の一程度の量が含まれる（表1－2）。

表1−2　パッションフルーツ果汁中の成分（可食部100g当たり）

エネルギー	64kcal	βカロテン	1,100μg
エネルギー	268kJ	βクリプトキサンチン	16μg
水分	82.0g	βカロテン当量	1,100μg
たんぱく質	0.8g	レチノール活性当量	89μg
脂質	0.4g	αトコフェロール	0.2mg
炭水化物	16.2g	チアミン（B_1）	0.01mg
灰分	0.6g	リボフラミン（B_2）	0.09mg
ナトリウム	5mg	ナイアシン当量	2.0mg
カリウム	280mg	ビタミンB_6	0.18mg
カルシウム	4mg	葉酸	86μg
マグネシウム	15mg	パントテン酸	0.63mg
リン	21mg	アスコルビン酸（C）	16mg
鉄	0.6mg		
亜鉛	0.4mg		
銅	0.08mg		
マンガン	0.10mg		

（日本食品標準成分表2015年版（七訂）から引用）

(2)　種子に含まれるポリフェノールにもアンチエイジング効果が

パッションフルーツは果汁だけでなく、その種子にも栄養や機能性成分がたくさん含まれる。例えば、森永製菓は種子に、ポリフェノールの一種であるピセアタンノールが非常に多く含まれることを発見した。ピセアタンノールは、アンチエイジング効果があり長寿（サーチュイン）遺伝子を活性化するともいわれ、現在盛んに研究されている。また、種子には油脂が含まれるが、その脂肪酸には悪玉コレステロールを減らす効果のあるリノール酸（約七〇％）、パルミチン酸、オレイン酸（一三％以上）が多く含まれている。種子を絞ったマラクジャオイルも、美容に効果があるとして販売されている（https://tarte.maison.kose.co.jp/items/TRDD/ など）。

(3) 鎮静、精神安定、安眠効果も！

パッションフルーツには古くから、鎮静効果や睡眠導入効果があるといわれており、葉をハーブとして利用することもある（インターネット通販などでも販売）。パッションフルーツの、とくに葉や根に含まれるハルミンには体内時計を遅らせる効果があることが二〇一一年に報告されており、安眠効果との関係性が示唆されている。また、ハルミンには骨芽細胞を増加させる作用もある。

4　生食、加工用とも需要拡大中

世界でも、日本市場でもパッションフルーツの生産量は増加している。注目すべき点は、生食用の果実の生産が増加していることである。世界のパッションフルーツの三分の二を生産するブラジルでも、一九九〇年以前は三〇％程度だった生食用が、二〇〇〇年代には六〇％が生食されている。育種や栽培方法の確立によって、酸っぱくない生食に適した果実の生産が可能になってきたからかもしれない。また、その栄養価が認められたことも見逃せない。

生食用の果実は非常に高価であり、国内では一〇〇ｇの果実が一〇〇〇円を超えることさえある。

ヨーロッパでも需要は急増しており、ケニアなどのアフリカから輸入されたムラサキクダモノトケイソウは一kg当たり三・五〜四・五ユーロ、コロンビアからのキイロトケイソウは一kg当たり六〜九ユーロ程度で取引され、比較的高価である。

第2章　パッションフルーツとは

1　原産地と来歴

(1) ブラジル南部原産

パッションフルーツは、トケイソウ科トケイソウ属の多年生草本である。トケイソウ属には四〇〇程度の種が知られるが、そのほとんどの原産地は南アメリカの熱帯・亜熱帯地域である。このうち五〇～六〇種程度が食用になる果実を着ける。パッションフルーツとは、狭義にはムラサキクダモノトケイソウ（*Passiflora edulis* Sims）、キイロトケイソウ（*P. edulis* f. *flavicarpa* Deg.）とそれらの交雑種を指し、広義には、トケイソウ属の食用になるもの全般を指す。本書では、狭義の定義を採用する。

写真2−1　オオミノトケイソウ
花（左），着果（中），果実（右）

写真2−2　ミズレモン（ジャマイカンパッション）
花（左），蕾（中），果実内部（右）

ムラサキクダモノトケイソウはブラジル中南部原産で、一九世紀に中南米、アジア、アフリカ、オーストラリアなど世界の亜熱帯地域に広がった。キイロトケイソウの原産地ははっきりとしないが、オーストラリアで発生したムラサキクダモノトケイソウの突然変異ともいわれる。オオミノトケイソウ（*P. quadrangularis* Linn. 写真2−1）やミズレモン（*P. laurifolia* Linn. 写真2−2）の原産地は熱帯アメリカといわれるが、正確な場所はわかっていない。ブラジルトケイソウ（*P.*

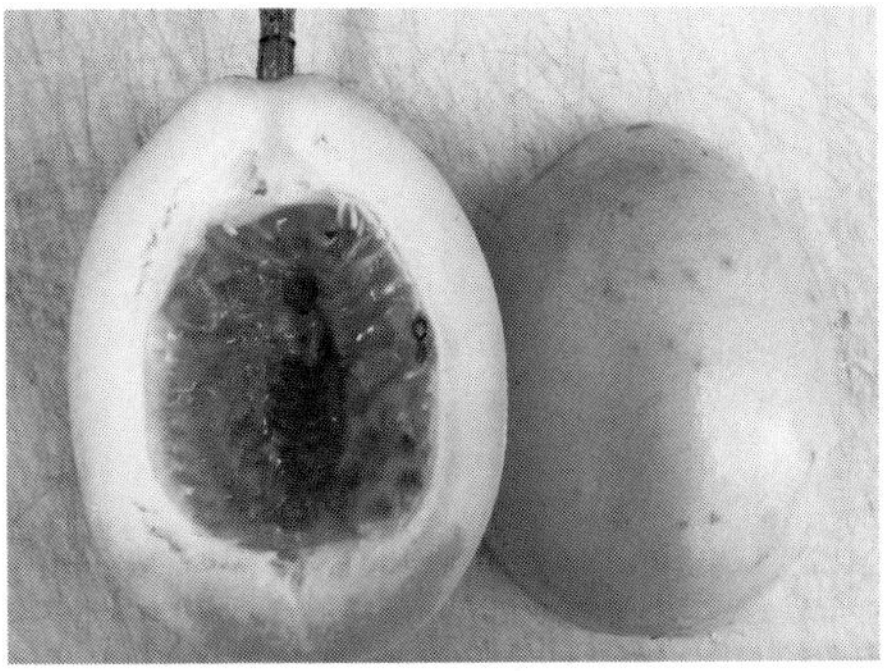

写真2−3　ブラジルトケイソウの果実
わが国では流通していない

alata Ait　写真2−3）の原産地はペルーからブラジルといわれる。アマミクダモノトケイ（*P. ligularis* A. Juss.）はペルーを中心としたアンデス山脈の標高一八〇〇～二〇〇〇m地帯が原産で、メキシコや中米の山岳地帯で利用されてきた。それぞれのトケイソウは食用や観賞用として、ポルトガル人やスペイン人により世界中へと広められていった。

(2)　栽培は世界的に拡大

栽培地はおもにブラジル、コロンビア、エクアドル、ペルーなどの中南米である。ブラジルは世界の生産量の三分の二程度を占め、近年さらに伸びている。オーストラリアやニュージーランドにも早くから導入された。一九〇〇年以前にはオーストラリアのクイーンズランド州で栽培が行なわれている。現在もオーストラリア全体で三〇〇〇haの栽培面積があり、五〇〇〇t程度収穫されている。クイーンズランド州はその三分の二程度を占める。

ハワイには一八八〇年にオーストラリアから種子で導入され一九三〇年頃までにはハワイ全島で野生化したものも見られた。一九五八年までにはキイロトケイソウの優良品種が四八六ha栽培され、産業として確立した。酸味の多い果汁はグアバやオレンジ果汁などと混合して、飲みやすいジュースとして飲まれている。

インドネシアのスラウェシ島の高地では、ムラサキクダモノトケイソウが栽培され、低地ではキイロトケイソウや、交雑種でも高温に耐性のある系統が栽培され、おもに加工用として用いられる。スマトラ島の高地では、マルキッサと呼ばれる*P. liguralis*が栽培されており、生食用として利用される。

ケニアには一九三三年に導入され、南アフリカでは一九四七年には二〇〇〇tが国内消費され、消費量は一九五〇年には倍増した。ケニア、南アフリカ、ジンバブエ、ガーナ産のパッションフルーツはヨーロッパに輸出されており、輸出量は急増している。インドにも導入され、世界的にジュース用としての需要が伸びているが、アイスクリームや料理のソー

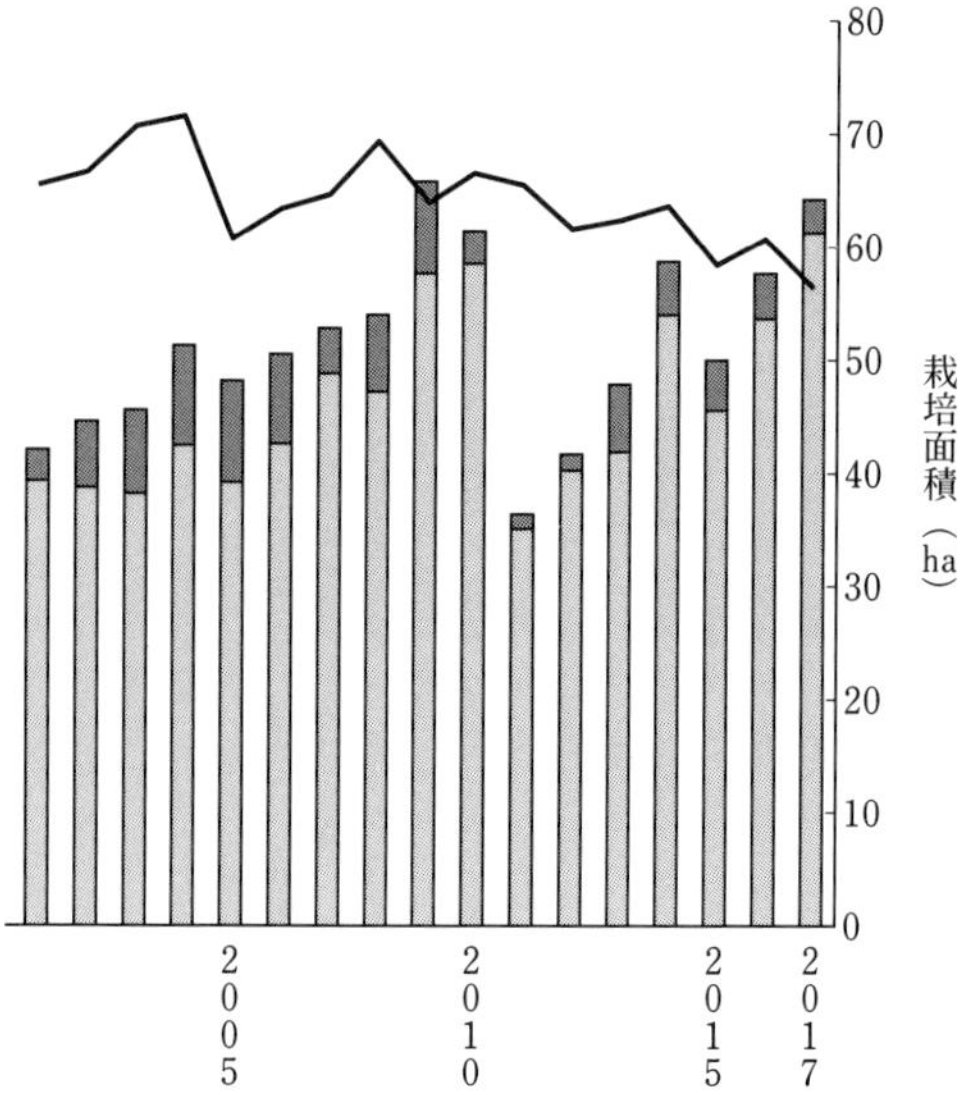

国内出荷量と栽培面積の推移

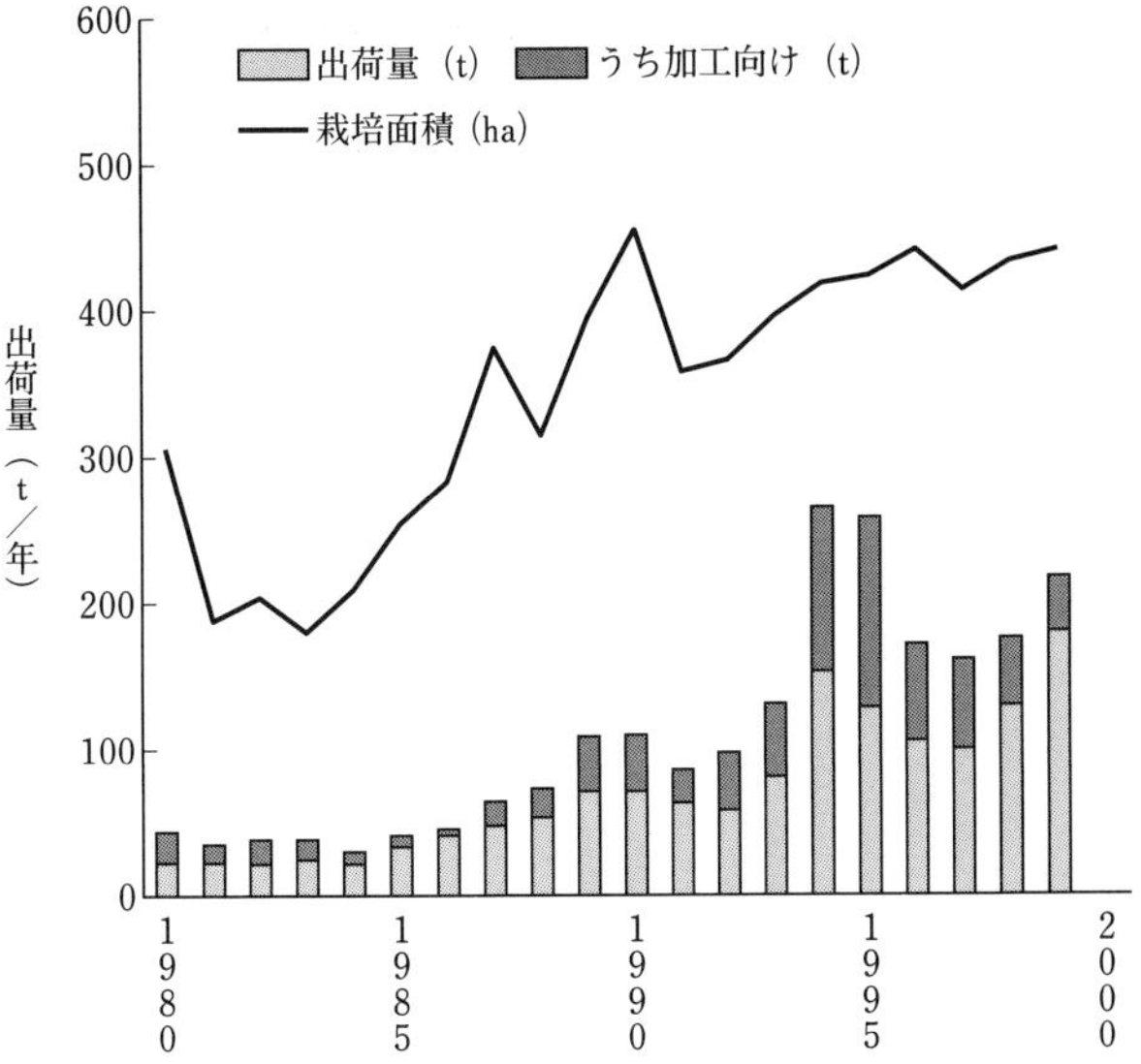

図2−1 パッションフルーツの

スとしての利用も拡大している。しかし、生食での需要は酸味の高さから伸び悩み、酸味の少ない優良品種の作出や、栽培管理方法の確立が待たれている。

(3) 日本への導入、栽培可能性

わが国に導入されたのは明治初期と推察され、鹿児島県では耐寒性のやや強いムラサキクダモノトケイソウが露地栽培されていた。しかし、近年では、より果実の大きい、ムラサキクダモノトケイソウとキイロトケイソウの交雑種のハウス栽培が増加している。

農林水産省の統計情報によると、一九六六年には栽培面積七〇ha、収穫量五二六tとされているが、急速に減少し

写真2－4　岐阜県でのパッションフルーツ露地栽培

た。その理由として、寒害による株の枯死、台風による果実被害や強風雨による病害の伝染、および安い果汁が輸入されたことによる国内産果汁消費の減少が原因と思われる。しかしその後ハウス栽培することで果実の形状や品質が格段によくなり、生食用として高値販売されるようになったことで生産量も増加に転じ、二〇一七年には栽培面積五六・六ha、収穫量五三三・六tに達した（図2－1）。主産県は奄美諸島を主とする鹿児島県の三三・七ha、沖縄県一二・六ha、小笠原諸島を主とする東京都七・〇haなどで、島しょ部での生産がおもである。最近は、千葉県や岐阜県での露地栽培も開始されている（写真2－4）。つる性で生育が旺盛なので、四月下旬に露地に定植すれば、その年の七～八月に収穫が可能で、一年生作物として扱うことができるので、日本のかなり多くの地域で栽培可能である。

2　生育特性と栽培のポイント

(1)　つる性植物

パッションフルーツはブドウ、キウイのようなつる性植物で、巻きひげを巻き付けながら伸長する。成長は旺盛で、年に五〇m以上も伸長する。ポット栽培では伸長範囲に限界があり、伸ばしすぎると、根からの養水分の供給が追い付かなくなって衰弱する。

(2)　寿命は五年ほどだが、一～二年で植え替える

寒害を受けなければ寿命は五年以上あるが、フザリウム菌による立ち枯れの恐れがあるため、ふつうは一～二年で植え替える。挿し木で容易に繁殖できるので、挿し木苗を利用すれば植え替えの際の苗代はほとんどかからない。

(3)　無霜地帯で露地栽培が可能、高温には弱い

南西諸島や小笠原諸島の露地栽培や、それ以外の地域ではハウス栽培で年二回の収穫が可能である。

写真2−5　高温などの影響で黄化した花蕾

例えば、秋に定植して冬季に主枝を伸ばし、春先から一一時間以上の長日条件になったら側枝を伸ばし、その側枝上に開花・結実させて初夏に収穫する。収穫後は、側枝を切り返しておけば、九月に開花・結実し、気温にもよるが十二〜一月に収穫することが可能である（二回収穫）。南西諸島や小笠原諸島以外の露地栽培では、春に定植して初夏に開花・結実させることで八〜九月に収穫でき、一年生作物のように栽培することが可能である。

　また、ムラサキクダモノトケイソウのような耐寒性のある系統であれば、無霜地帯で越冬が可能である。実際に、鹿児島県、宮崎県、和歌山県南部などでは越冬している。今後、耐寒性が強く、果実品質の優れる系統が育成されれば、露地栽培のできる地域が広がる可能性が高まる。

　一方で、パッションフルーツは高温に比較的弱く、夏季に花蕾が着かないことや生育が低下することが、栽培上の課題になっている。とくに、耐寒性のあるムラサキクダモノトケイソウは高温に弱く、平均気温が二五℃程度以上になると花蕾が枯死して結実しない（写真2−5）。高温に強いキイロトケイソウとの交雑種は、南西諸島では夏季に

写真2−6　雄しべと花糸を文字盤に，雌しべを針に見立て，トケイソウの名の由来に

わが国では雄しべと雌しべの配置と形態を見て，時計をイメージしたが，西洋では，雌しべを十字架上のキリストに，柱頭の膨らみは釘の頭，5つの雄しべを十字架上で負った5ヵ所の傷と連想した

花蕾が枯死するが、千葉県の露地栽培では夏季でも開花・結実させられる。また北海道のハウス栽培では、年中開花・結実させることが可能である。交雑種は、系統によって高温耐性が異なると考えられ、今後の育種および研究が待たれる。

(4) 開花特性と人工受粉

パッションフルーツの花は大きく、雄しべと花糸の部分を時計の文字盤、三本の雌しべが時計の針のようである。これがトケイソウという名前の由来になっている（写真2―6）。虫媒花で、訪花昆虫を引き付ける香りを発する（写真2―7）。自家結実性と他家結実性の品種があり、栽培されている系統は人工受粉に

写真2−7　パッションフルーツの花に訪花するミツバチ
ただし国内のほとんどの地域では人工受粉が必要

便利な自家結実性の系統が多く用いられている。

一一時間以上の長日条件で花芽分化し、生育適温下では約一ヵ月で開花する。花蕾は、伸長するつるの葉腋に次から次へと形成されるので（写真2−8）、十分に栄養生長させることが開花数および結実数確保のために重要である。

ムラサキクダモノトケイソウは早朝から開花し、キイロトケイソウは午後になる（正午を過ぎる）と開花する。開花した花は、通常の条件下では、その日のうちにしぼむ。したがって結実のためには開花日に受粉する必要がある。南西諸島や小笠原諸島では、人工受粉をせずに結実する例もあるが、国内のほとんどの地域では安定生産のために人工受粉が必須となる。

ただ、降雨日は人工受粉をしても結実率は低い。露地栽培では、降雨によって花粉が破裂することが原因である。一方で、花粉に雨のかからないハウス栽培でも、一日中雨が降り日射量の少ない日の結実率は低い（表2−1）。原因としては、日射量の低下による光合成産物の欠乏や、気温の低さによる可能性が指摘されている。

受粉して三日後には子房が目に見えて肥大してくる（写真2－9）。この時期に花弁は萎れているが容易に引きちぎれるので切除して、子房が露出するようにする。この作業により、果実表面へのカビ付着を防止し、果皮の着色を促進できる。

写真2－8　パッションフルーツは連続的に葉腋に着花（果）する

十分に栄養生長させることが開花や結実数の確保には重要。①連続して花蕾（矢印）が着生，②連続開花，そして③連続着果

表2−1　2010年の京都市内の温室内のパッションフルーツの着果率と気象条件

月／日	開花数	着果率（%）	気温（℃）[1]			日照時間[2]	天気
			最高	最低	平均		
5/20	19	89	25.9	22.2	24.6	8	曇／雨
5/21	29	100	30.8	26.8	29.3	12	晴
5/22	22	100	30.1	24.4	27.2	11	晴
5/23	28	7	17.7	17.3	17.5	4	雨
5/24	34	0	22.8	21.5	22.2	6	雨
5/25	26	96	27.9	23.9	26.8	11	晴
5/26	34	100	21.3	18.7	19.7	10	曇／雨
5/27	53	98	20.3	16.9	18.7	12	曇／晴
5/28	37	100	22.6	17.2	20.3	11	曇／晴
5/29	27	100	26.1	23.2	24.6	12	晴
5/30	18	100	25.5	21.9	24.1	12	晴

（『熱帯農業研究』3巻別2, 75−76, 近藤ら より作成）

注　1）13：00 〜 18：00

2）全天日射量が 50W/m^2 以上の時間を日照時間とした

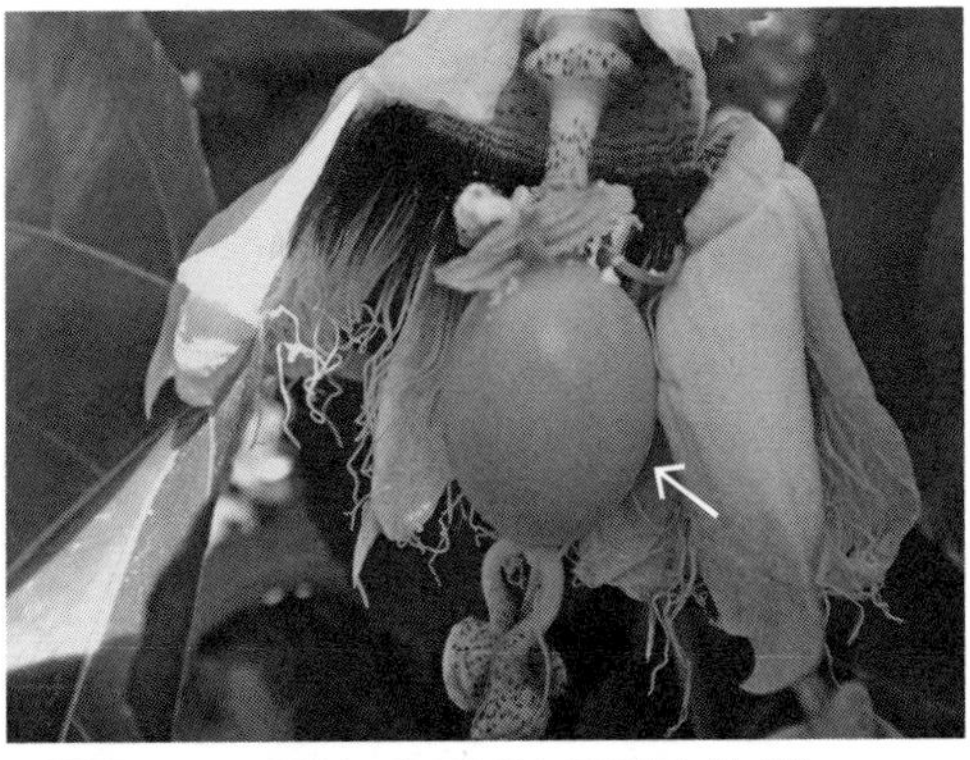

写真2−9　受粉して三日後には子房（矢印）が目に見えて肥大してくる

(5) 着果負担と果実品質 ——直立花の発生は成らせすぎのサイン

雌しべの花柱は、開花後しばらくすると外側に倒れて雄しべに接近する。しかし、結実数が増えすぎると、それ以降に開花する花の花柱は倒れない。この直立花の子房は小さく、黄色い。人工受粉してもほとんど結実しない。直立花の花粉は発芽能を有することが確認されているので、雌性器官に原因がある。光合成産物の転流量が少ないと、直立花が増加し、結実率も低いことが報告されている。また、着果数が増えると直立花発生率が増加する。したがって、直立花が発生するのは成らせすぎのサインである。着果過多は、小さな果実、低糖度、高酸度の原因となる（写真2－10、表2－2）。

写真2－10　正常型（上）と直立型（下）の花

正常花は，完全に開花したときに柱頭が水平になるのに対し，直立花は柱頭が直立したまま。人工受粉しても着果しない

一方で、花柱の倒れない花が出現しても、さらに伸長したつるに着く花は、正常に花柱が倒れる場合もある。これらの花は結実可能である。

つまり、着果過多になると直立花が現われて着果しなくなるが、その状態が続くと葉数が増えて

表2−2　着果負担が追熟後のパッションフルーツの果実品質におよぼす影響

結果枝当たりの着果数	葉果比	果実重 (g)	糖度 (Brix)	酸含量 (%)	糖／酸比
6果	4.8	91.4	17.1	2.48	6.90
4果	7.3	101.1	17.5	2.14	8.18
2果	13.1	111.7	17.4	1.80	9.67

（『熱帯農業研究』1巻別2，57−58，近藤ら より作成）

果実を養う余裕ができてくる。こうなるとふたたび正常花が現われ結実させることができるというわけである。植物は自身で着果負担をコントロールしているのである。

(6) パッションフルーツの仕立て
――結果枝となる側枝は、垂らしても上向きに伸ばしてもよい

パッションフルーツはつる性なので、自由な形に仕立てることができる（74ページ図4−2参照）。

吊り下げ型垣根整枝では、主枝から結果枝を下垂させて着花させる。鉢栽培でも、主枝をまっすぐ上に伸ばし、ある程度の高さで水平に輪をつくり、摘心し、結果枝を下垂させる仕立て方もある（行灯《あんどん》仕立て）。棚仕立ての場合は、棚上に主枝を直線的に伸ばし、主枝から左右に結果枝を水平に伸ばして着花させる。結果枝からさらに二次側枝を伸ばして着花させることも可能である。

マンソン仕立てでは、吊り下げ型垣根整枝とは逆に、地面に近いところに主枝を這わせて、そこから上向きに結果枝を伸長させる。吊り下げ

写真2−11　着果した部分の葉腋の芽を伸ばし結実させた果実
果汁が少なかったり空洞果になったりする

型垣根整枝よりも樹勢が強くなり、その結果、開花数が減る場合と増える場合が報告されている。土壌環境や栽培系統によっても結果が異なる可能性があり、今後の研究が求められる。

いずれの仕立て方においても、着果した葉腋の芽を摘心することで果実肥大が促進される。着果した部分の葉腋の芽を伸ばすと再度着花して、結実させることができるが、これらの果実は果汁が少なかったり、空洞果（写真2−11）になったりする。

結果枝は収穫終了後に、葉を二〜三枚残して切り返しせん定する。その後葉腋から新梢が伸びて、この枝上に着花する。条件が整えばこの花も結実する。残す葉が多いほど、新梢の発育速度が速くなる。

(7)　根は浅く広範囲、潅水、チッソ施肥が決めてに

パッションフルーツでは多数の細根が形成されるが、根域は比較的浅く、地下二〇〜六〇cmにほとんどの根が集中する。自然条件下では地上部の生育とともに地下部の根も横方向に六m以上も伸びて、

表2−3　パッションフルーツのチッソ施肥量

系統	栽培地	g/ 個体	kg /ha
交雑種	オーストラリア	350 〜 1,000	578 〜 1,320
交雑種	オーストラリア	300	—
キイロトケイソウ	マレーシア	540	—
交雑種	小笠原諸島	1,210	484
交雑種	沖縄	280 〜 420	187 〜 280

(Menzel *et al.*, 1993；Nakasone and Paull, 1997；渋谷, 1997；果樹栽培要領 沖縄県農林水産部, 1999 より作成)

地上部の生育をサポートする。ポットなどで根域制限すると、地上部の拡大に根域の拡大が伴わないので、頻繁な潅水が必要となり、それでも地上部を養いきれなくなると衰弱症状を呈する。

一方、パッションフルーツは非常にチッソぐいである。つまりチッソの要求量が高い。日本の小笠原諸島の試験では、一〇a当たり五〇kg程度の施肥量が推奨されている。オーストラリアでは一〇〇〇kg／haを超える例もある（表2―3）。チッソ施肥量が少ないと栄養生長が阻害され、開花数が減少して、収量も減少する。果実は酸っぱくなり、生食に適さなくなる。スイカなどではチッソ過多でつるボケとなり、着花しなくなるが、パッションフルーツはチッソ過多でもつるボケせず、植物体内のチッソ濃度が高まることで、開花数が増えることが報告されている。パッションフルーツではチッソを十分に効かせて枝葉を繁茂させ、光合成を最大限行なわせることが、大果で高糖度な果実を生産するコツである。

なお、パッションフルーツはアンモニア態、硝酸態どちらのチッソもよく吸収するが、アンモニア態チッソをより好む。砂耕栽培でアン

写真2－12 アンモニア態チッソの過剰蓄積により発生した葉のネクロシス

モニア態チッソのみを施用して障害の発生したことが報告されているが（写真2－12）、一般の土壌であればこのような害は発生しにくい。ただ、チッソの施肥量の多さに引っ張られて、リン酸、カリの施肥量も多くなりがちで、これらの多施肥によって果実が酸っぱくなる。とくに施設栽培ではリン酸、カリが土壌中に蓄積していることも多いので、注意が必要である。

土壌はそれほど選ばないが、排水性のよい砂壌土などが望ましい。酸性土壌を好むが、pH六・五程度までであれば、目立った生育低下は認められない。pHが七・〇を超えるとFe（鉄）などをはじめとする微量元素が欠乏するので注意する。

(8) 収穫は落果果実をネットなどでキャッチ

パッションフルーツは、熟期になると自然につるから脱落する。高い位置から落ちると、衝撃で果実が損傷することがある。外観に変化がなくても、内部で果汁の袋が破けることがある（写真2－13）。このような果実は保存後に異味や異臭が発生し、品質が著しく低下する。ネットや果実袋を用いて果

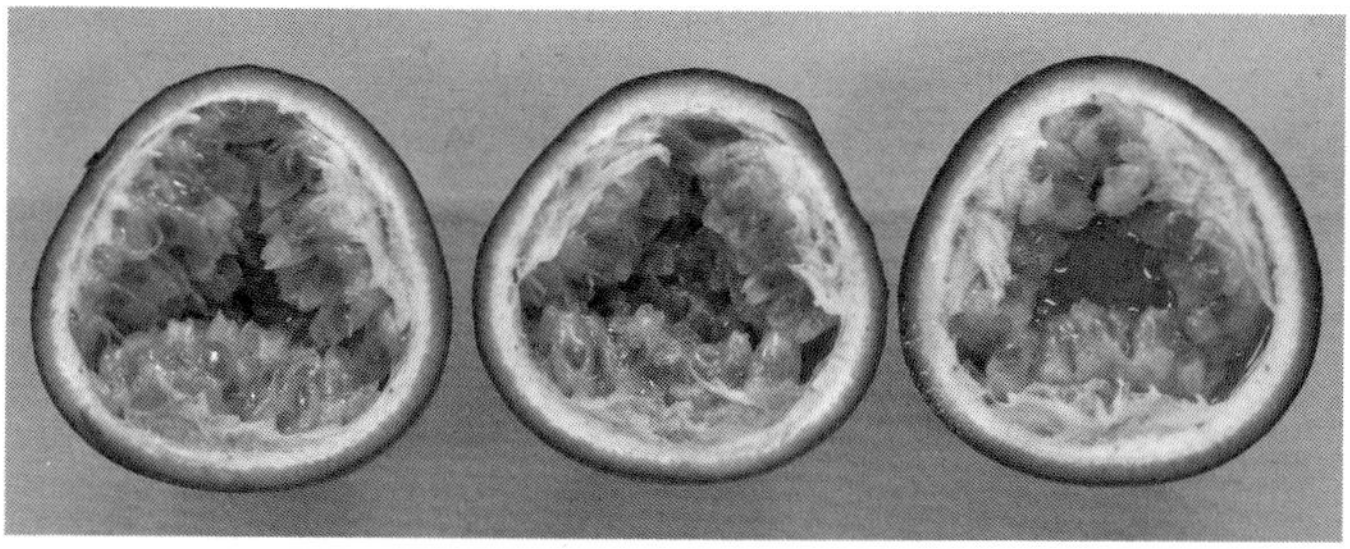

写真2－13　落果により果汁の袋が破ける

左：落果なし，中：90cmから落果，右：180cmから落果

実を受け止め、衝撃を与えないことが必要である（写真2－14①②）。簡便な方法として、洗濯バサミで果柄部の離層ができる箇所を挟んでおくと、落下を防止できる（写真2－15）。

写真2－14　果実の落下防止をはかる

①は棚下にネットを設置（台湾），②は果実に袋をかけて防いでいる例

(9) 減酸には一定の温度と十分な水の供給が必要

果汁中の酸含量は、果実生育期間中にピークに達した後、収穫期に向けて徐々に減少していく。果実がつるから脱落するまでの期間が長ければ長いほど減酸は進むが、収穫時期を遅らせる有効な手段は見付かっていない。二〇一九年に品種登録された「サニーシャイン」は収穫までの期間がこれまでの系統よりも一〇日程度長く、注目されている。

また、砂耕したパッションフルーツでは、適正と考えられていた液肥のチッソ濃度を倍程度高くしたり、塩化ナトリウム(NaCl)を加えたりすると、収穫を遅らせることができると報告されているが、栽培技術としては確立していない。

減酸は呼吸により進むが、呼吸を高めるには三〇℃程度の高温が有効で、クエン酸回路の活発な活動には十分な水分が必要である。果実生育期間中の低温と乾燥ストレスは減酸を遅延させるので、注意する(図2-2)。

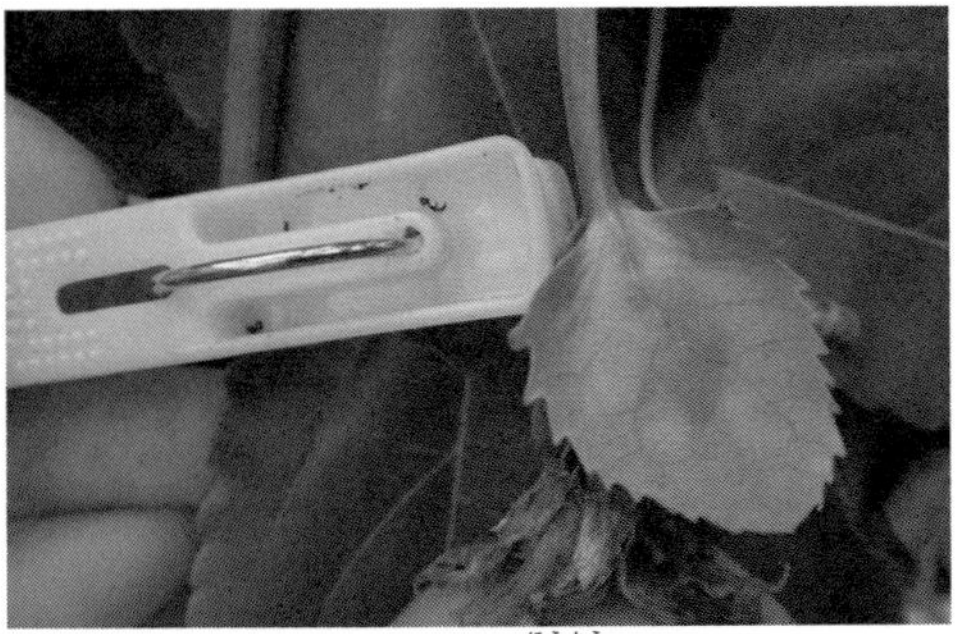

写真2-15　洗濯バサミで苞葉《ほうよう》部分を挟んでおくと落果を防げる

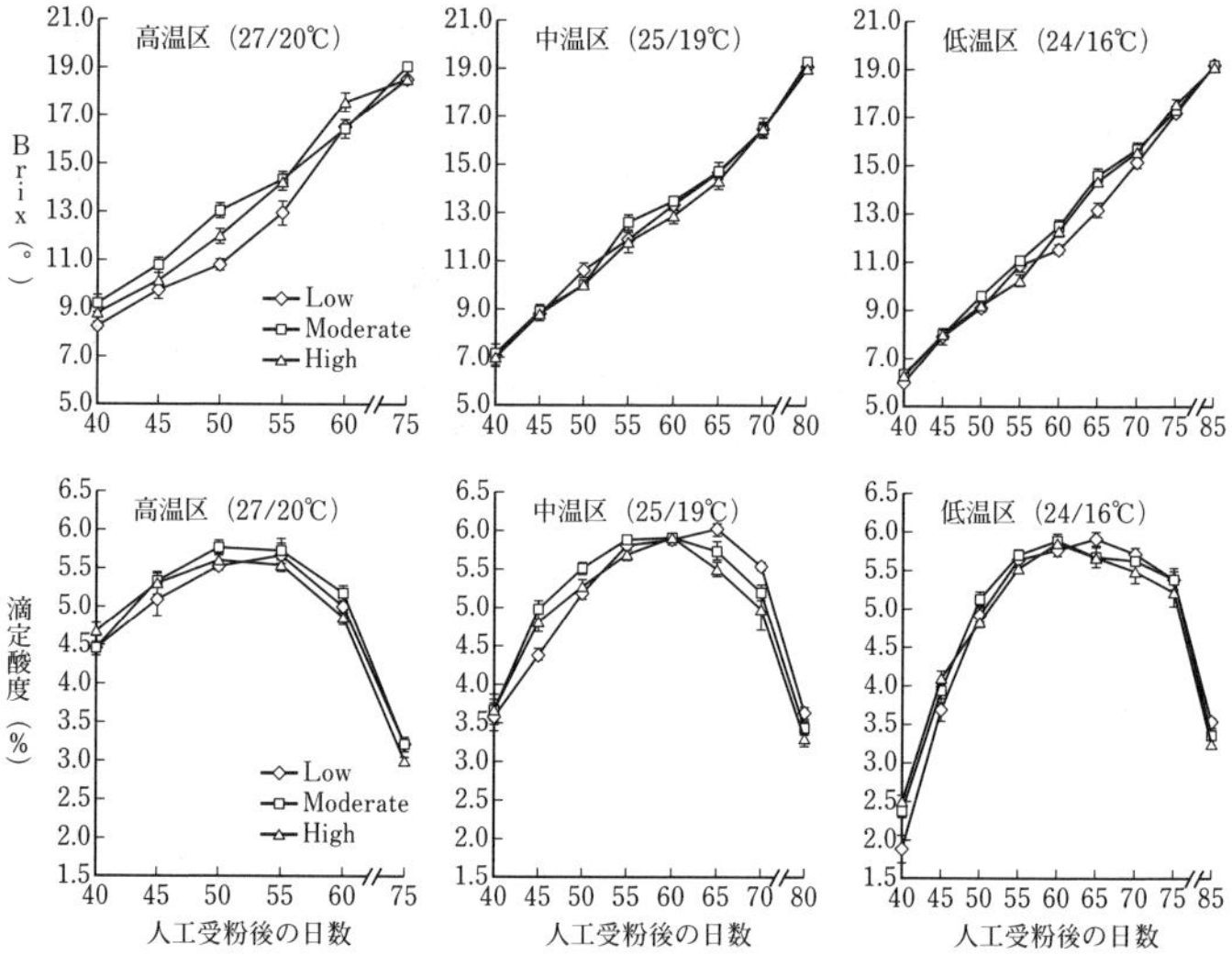

図2−2　パッションフルーツは低温ほど生育がゆっくり進み，土壌乾燥で酸度が高くなる

注）人工受粉後の果汁中の糖度および滴定酸度におよぼす昼夜温と土壌水分の影響を，サマークイーンを冬季に栽培して実験。

1日最高・最低気温として，高温区（27.0/20.0℃），中温区（25.3/19.4℃）および低温区（24.0/16.3℃）を設定

土壌水分は，乾燥，適湿，湿潤として潅水した

I は標準誤差（n＝10）

第3章　それぞれの系統の特性といかし方

1　トケイソウ科トケイソウ属

トケイソウ科トケイソウ属に属する植物は四〇〇種ほどあり、そのうち食用として利用されるものは五〇～六〇種程度である。前述のとおり、パッションフルーツとは広義には、食用になるトケイソウ属の植物を指す。この中でも、重要な経済価値のあるものは、ムラサキクダモノトケイソウ、キイロトケイソウとその交雑種である。狭義にはこれらをパッションフルーツと呼び、本書でもこの定義を採用する。ここでは国内で栽培が見られる食用のトケイソウ属の特徴を説明する。

2　わが国に適する種・品種・系統

(1)　ムラサキクダモノトケイソウ（*Passiflora edulis*）

写真3−1　葉身の形状の違いと巻きひげ

パッションフルーツの葉は大きく掌状で三裂片に分かれている（右）。ムラサキクダモノトケイソウ，キイロトケイソウ，両者のハイブリッドの葉も同じ掌状で，単葉（楕円形の）葉はジャマイカンリリコイやブラジルパッションフルーツ，オオミノトケイソウ（左）などである。

紫色種・在来種とも呼ばれる。広く亜熱帯に分布するが、高温に弱いため熱帯では高地で栽培される。葉は掌状で三裂に深く分かれ（写真3−1）、キイロトケイソウよりもやや小さい。樹勢もキイロトケイソウと比べるとやや弱い。早朝から開花し、気温などにもよるが開花から四時間程度で開葯する。自家和合性であり、受粉樹を必要としない。

果実は球形ないし卵形で、果径五

〜六cm、果実重四〇〜六〇gで、果皮色は赤紫色、種子は紫黒色である（写真3−2）。種子は橙黄色半透明の果肉に包まれており、果汁は多い。強い香りがあり、クエン酸を主体とした爽快な酸と高い糖度が特徴である。繊維はやや多く、果汁歩合は三〇%程度で、キイロトケイソウや交雑種と比較すると低い。ウイルスなどの病害に弱く、壊滅的な被害を受けるケースもある。日本国内ではムラサキクダモノトケイソウの品種登録はない（写真3−3）。

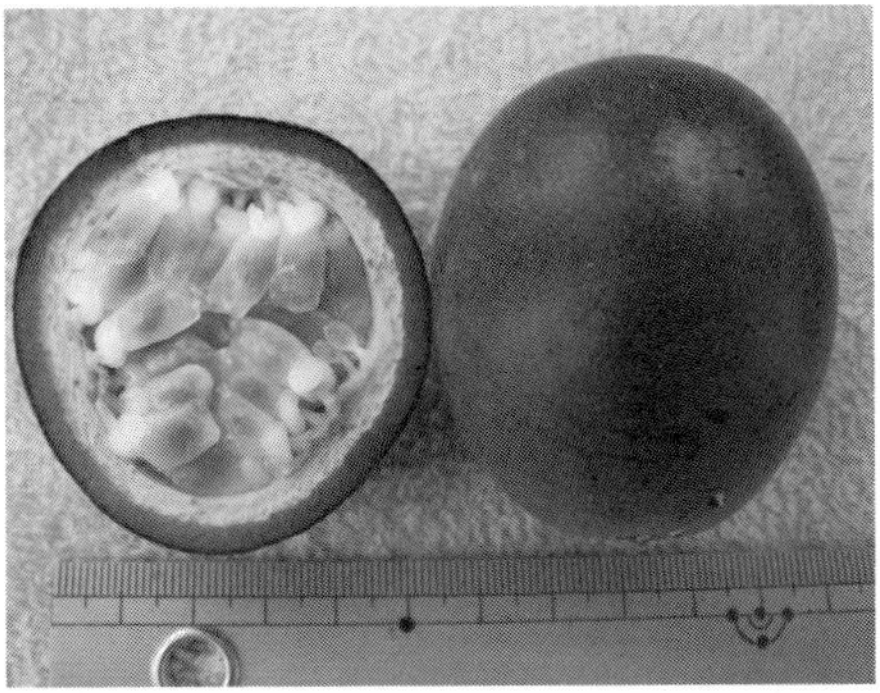

写真3−2　ムラサキクダモノトケイソウの果実

球形ないし卵形で，果径5〜6cm，重さは約40〜60g，果皮色は赤紫で，種子は紫黒色

写真3−3　インドネシアで販売されていたムラサキクダモノトケイソウの果実

(2) キイロトケイソウ（*Passiflora edulis f. flavicarpa*）

キイロクダモノトケイ、キイロクダモノトケイソウともいう。ムラサキクダモノトケイソウより高温を好み、耐寒性は弱いので、熱帯低地でおもに栽培される。適温下では旺盛な生育を示す。葉型もムラサキクダモノトケイソウのものと多少異なり、新梢および葉脈が赤紫色になる点が異なる。開花する時刻は、ムラサキクダモノトケイソウよりも遅い。ほとんどの系統が自家不和合性である。

写真3－4　キイロトケイソウの果実
果皮は黄色で卵形，果実は大きく，100g以上になる

写真3－5　ムラサキクダモノトケイソウ（左），キイロトケイソウ（真ん中），交雑種（右）は地元ではアップルパッションフルーツと呼んでいた（インドネシアのパッションフルーツジュース工場で撮影）

果皮は黄色で卵形、果実が大きく（果径六～七㎝）、一〇〇g以上になる（写真3－4）。種子は褐色である。果汁が多く濃厚なオレンジ色で、果汁歩合は三五%程度あり、糖、酸ともムラサキクダモノトケイソウよりも高い。品質的にはジュース加工用として適した系統が多い（写真3－5）。ウイルスやフザリウムに耐性があり、台木として用いられることもある。ブラジルをはじめ南米ではいくつかの品種があるものの、日本国内に品種としては入ってきておらず、また品種登録もされていない。

(3) 交雑種（*Passiflora edulis* × *Passiflora edulis* f. *flavicarpa*）

ムラサキクダモノトケイソウとキイロトケイソウの交雑種で、両者の中間的な性質を示す。わが国で現在もっとも栽培が多い。国内でも、「サマークイーン」「ルビースター」「台農1号」「キングルビー」などが栽培されているが、これらは国内で品種登録されていない。品種登録されているものは、「奄美のジャンボウ」と「サニーシャイン」のみである。

交雑種は樹勢が強く、果実重は六〇～一〇〇g、豊産性である。一〇時頃から夕方にかけ開花し、開花直後に開葯する。栽培されている交雑種の多くは自家結実性で、自家受粉で結実する。果実の糖度はかなり高いが、酸含量がムラサキクダモノトケイソウより高く、酸味を感じる。果皮色の違いにより紫系と赤系に分けられている。ただし、実生で繁殖されたものにはかなり変異があり、ピンクに近い赤から濃赤色、濃い紫黒色とさまざまで、さらに熟期で色が変わるので単純ではない。

写真3－6　交雑系品種の比較

①上左：キイロトケイソウ，上右：キングルビー，下左：台農1号，下右：サマークイーン，②左：ムラサキクダモノトケイソウ，中：サニーシャイン，右：サマークイーン

パッションフルーツは交雑が容易で、播種から一年以内に収穫可能なので、育種が非常に簡単である。そこで生産者レベルでもよく育種が行なわれている。今後、それぞれの栽培環境に適応し、かつ多収で、低温や高温に耐性をもち、また耐病性、自家結実性、低酸含量などそれぞれの生産者が重視する育種目標に適した系統が育成されていくと予想される。

以下、代表的な交雑種について紹介する（写真3－6）。

①奄美のジャンボウ

鹿児島県が二〇〇四年に登録した品種である。キイロトケイソウの自然交雑実生から育成されたもので、果皮が濃赤色で、果実が一〇〇～一五〇gと重く種子が多いことが特徴である。育成地である奄美大島の名瀬市においては、他の系統よりもやや晩生である。自家不和合性で、人工受粉の際に不便である。

②サニーシャイン

二〇一九年に国立研究開発法人国際農林水産業研究センターが品種登録したものである。

サマークイーンに比べて開花から収穫までの日数が一〇～一五日長く、七〇～八〇日程度である。また高温期の着色がよく、収穫時の酸含量も〇・二～〇・五％以上低い。果皮は艶があり、鮮やかな赤色である。自家和合性であるが、サマークイーンらと異なり午後にならないと開花しないので、午前中の人工受粉作業はできない。樹勢はやや強く、枝の発生はやや少ない。このため、枝管理の作業がやや楽になる。新梢の先端および巻きひげがやや赤紫色を帯びるため、サマークイーンやルビースター、台農1号と容易に識別できる。

③サマークイーン

農林水産省九州農業試験場で、ムラサキクダモノトケイソウにキイロトケイソウを交雑して育成された系統で、鹿児島県の推奨系統の一つ(写真3－7)。果実重は六〇～一〇〇g程度で、酸度二～四％、

写真3－7　果実が球形のサマークイーン
鹿児島県の推奨系統の一つ

Brix糖度一七〜一九程度である。自家和合性である。

果皮色は、石垣島での栽培ではピンクに近い赤色だが、小笠原諸島ではルビースター、台農1号よりも濃い紫色という報告もあり、栽培環境によって変化すると考えられる。石垣島での着色不良は、ハウス内の高温や、潅水のECやpHが高いことが関係している可能性があるが、はっきりとしたことはわかっていない。

④ルビースター

台湾の鳳山熱帯果樹園芸分所で、ムラサキクダモノトケイソウにキイロトケイソウを交雑して育成された系統で、鹿児島県の推奨系統の一つ。果実重は六〇〜一〇〇g程度で、酸度二〜四%、Brix糖度一七〜一九程度である。酸含量はサマークイーンよりやや高く、果皮色は赤〜紫色である。自家和合性である。鹿児島県の本土のハウス栽培では、サマークイーンよりもルビースターのほうが、高温耐性が強く、高結実率で果実の大きさの揃いもよく、栽培が容易と報告されている。

⑤台農1号

台湾で育成された系統。小笠原諸島などでおもに栽培される。小笠原諸島には一九九〇年頃前に導入されている。小笠原諸島で行なわれた試験では、サマークイーン、ルビースターよりも糖度が高く、果皮色は赤～紫色で、酸度が低く、糖酸比が高く高品質果実であった。自家和合性である。

⑥キングルビー

沖縄で栽培されており、果実重は一〇〇gを超え、果皮色はやや薄い紫色で光沢がある。酸度が高く、四～五％程度のこともある。生産者によっては実生を栽培し、大きく光沢のあるものを「キングルビー」と称して販売している場合もある。キングルビーは遺伝的にクローンの系統ではなく、果実が大きく果皮に光沢のある系統群というように捉えられるかもしれない。自家不和合であり、他の花粉が必要になる。

(4)　その他のトケイソウ属の食用植物

国内での栽培はほとんどが上記三系統のパッションフルーツであり、それ以外の食用のトケイソウ属の栽培は少ない。南米では、*P. quadrangularis* Linn.、*P. laurifolia* Linn.、*P. alata* Ai.、*P. ligularis* A. Juss. など多くのトケイソウ属の果実が食用とされるが、それらはほとんどローカル市場での取引にとどまっている。パッションフルーツより果実の大きいものや酸含量の低いものもあり、今後注目が集まるかもしれない。また、トケイソウ属は比較的容易に種間雑種ができるので、種間交雑による育種も望まれる。

①ミズレモン（*Passiflora laurifolia*）

果皮は黄色で卵型なことから、タマゴトケイソウ（卵時計草）とも呼ばれる（写真3－8）。またハワイでは、ジャマイカンリリコイと呼ばれる。ミズレモンは西インド諸島原産で、主要な産地はラテンアメリカに限られるが、世界の熱帯地方に広がっている。

果実は長さ七〜八cm、直径五cm程度で、酸味が少なく生食しやすい。また果皮が柔らかく手で剥くことが可能である。果肉はやや黄色味を帯びた白色で、種子はパッションフルーツよりも柔らかい。果肉の香りは非常に弱い。国内では「ソフトタッチ」が二〇一一年に品種登録されており、『ちゅうちゅう』という商品名で販売されている。また沖縄県宮古島で生産・販売されている（写真3－9）。

②マルキッサ（*Passiflora ligularis*）

英語ではスイートパッションフルーツ、和名はアマミクダモノトケイである。原産地はアンデス山地で、現在もおもに南米の熱帯高地で栽培されている。インドネシアではトケイソウ属の果実はすべてマルキッサと呼ぶが、生食用のマルキッサはもっぱらこの種を指す。国内での生産はほとんど見られない。果皮は黄色で果肉は白い。果実は八〇g程度で、筆者がインドネシアで調べたものは、Brix糖度一五、酸度〇・七％程度であり、酸味は非常に穏やかである。また香りも非常に弱い。ジュー

写真3−8　酸味が少なく生食しやすいミズレモンの果実

左から順にサマークイーン（交雑種），キイロトケイソウ，キングルビー（交雑種），ミズレモン

写真3−9　沖縄県宮古市で販売されているミズレモン　（上田祐未原図）

「ジャマイカンリリコイ」とも呼ばれる

スに加工すると傷みやすく、ジュースには向かない（写真3－10）。

③オオミノトケイソウ（*Passiflora quadrangularis* Linn.）

オオミノトケイソウはトケイソウ属で最大の果実を着け、重さ二kg、直径一〇cm、長さ二〇cmにもなる（24ページ写真2－1参照）。オオミノトケイソウは、熱帯アメリカが原産とされるが、正確な場所はわかっていない。メキシコ、ブラジル、ペルーなどの南米や、マレーシア、ベトナム、インド、スリランカや熱帯アフリカやオーストラリアでも見られる。わが国での栽培はほとんどない。果皮が

写真3－10　インドネシアで販売されていたマルキッサ

写真3－11　オオミノトケイソウの果実
果皮が厚く2.5cm以上ある

厚く二・五㎝以上ある（写真3－11）。

（5）今後の育種

南米、オーストラリア、ハワイ、台湾などでは育種も盛んである。育種目標は、国や栽培環境によって異なるが、果汁品質、果実サイズ、果皮色、自家和合性、樹勢、収量、耐病性、高温耐性などが挙げられる。ブラジルやハワイでは、キイロトケイソウの品種も多いが、ムラサキクダモノトケイソウとキイロトケイソウを交雑し、いいとこどりをした品種も多い（表3－1）。

日本ではパッションフルーツで品種登録されているのは、「奄美のジャンボウ」「サニーシャイン」の二品種、近縁種の「ソフトタッチ」を合わせても三品種である。しかし、前述の通り、生産者レベルでも容易に育種ができるので、さまざまな優良系統が育成されることが予想され、非常に楽しみである。一方で、さまざまな系統が入り乱れると消費者の混乱につながるので、優良系統を整理することも必要になると考えられる。

また、トケイソウ属は比較的簡単に種間雑種が発生するので、種間雑種による育種も望まれる。オーストラリアでは、パッションフルーツに*P. incarnata*を交雑することで、低温耐性とウイルス耐性のある系統を得て、これにパッションフルーツを戻し交雑して台木品種を育成している。

一方、国内でのパッションフルーツの倍数体育種の試みは古く、一九六〇年にすでに行なわれてい

表3－1　*Passiflora*種の原産地と利用

(Martin and Nakasone, 1970)

種／ 一般名	原産地	利用	
		鑑賞用	食用
P. alata Dryand ブラジルトケイソウ	ブラジル，ペルー	○	○
P. antioquiensis Karst バナナパッションフルーツ	コロンビア		○
P. banksii Benth	オーストラリア	○	
P. caerulea トケイソウ (ブルーパッションフラワー)	ブラジル，アルゼンチン	○	
P. coccinea Aubl. ベニバナトケイソウ	ベネズエラ，ボリビア	○	○
P. edulis Sims ムラサキクダモノトケイソウ	ブラジル		○
P. incarnata L. チャボトケイソウ	アメリカ南部	○	○
P. laurifolia L. タマゴトケイ，ミズレモン， ジャマイカンリリコイ	西インド諸島，ブラジル， ペルー	○	○
P. ligularis Juss. アマミクダモノトケイ	メキシコ，ボリビア		○
P. maliformis L. スイートキャラバッシュ (ヒョウタン)	西インド諸島，南アメリカ		○
P. mollissima (HBK) Bailey モリシマトケイソウ (バナナパッションフルーツ)	ベネズエラ，ボリビア		○
P. guadrangularis L. オオミノトケイソウ	不明		○
P. vitifolia HBK grape-leaved passion fruit	ニカラグア，ベネズエラ， ペルー	○	○

注) キイロトケイソウ (*P. edulis* f. *flavicarpa* Deg.) の原産地ははっきりしないが，オーストラリアで発生したムラサキクダモノトケイソウの突然変異ともいわれる

〈交配育種〉

- よりよい果実品質 (果実重量，外観，香り，甘さ，酸味など)，耐病性，耐暑，耐寒性などを考慮した交配育種によってよりよい品種の作成が試みられている
- 多くの交雑種はムラサキクダモノトケイソウとキイロトケイソウの間で生まれてきた
- オーストラリアでは，*P. edulis* × *P. incarnata* の交雑種が耐寒性とパッションフルーツウッディネスウイルス (PWV) に抵抗性があることが証明されている。この F_1 や F_2，F_3 にムラサキクダモノトケイソウやキイロトケイソウを戻し交雑したなかから，耐病性の台木として有望なものが得られている
- 南アフリカでは，フザリウムとフィトフトラ菌に耐病性の *P. caerulea* が台木として用いられている
- キイロトケイソウと *P. alata* との交雑種で高品質果実を産するものも報告されている

写真3－12　タイで行なわれている接ぎ木の様子
右は，挿し木からの発根（矢印）。パッションフルーツは挿し木も接ぎ木も容易

る。近年もその試みがなされており、今後大きな果実を着ける四倍体や、種がシイナで生食しやすい三倍体の品種などが作出されるかもしれない。

3　挿し木・接ぎ木は容易、優良系統は積極更新

パッションフルーツは挿し木、接ぎ木も容易なので、優良品種が育成できたら容易に増殖もできる。また、フザリウム菌やネコブセンチュウなどの土壌病害に弱い系統や品種であれば、樹勢が強く抵抗性の高い黄色系を台木として利用することも多い。優良品種を入手したら、積極的に挿し木や接ぎ木をして更新するのが望ましい（写真3－12）。

コラム

大果系品種の育成には、種子親に大きな果実品種を

在来系（ムラサキクダモノトケイソウ）は、実生繁殖しても種子親とほとんど同じ形質のものが現われるといわれる。そこで筆者はこの在来系（赤紫色小玉果実）と、黄色系を母方にもつ交雑種（赤色中玉果実）を交互に人工受粉して得た種子を五〇粒ずつ播種し、実生樹を育成して果実品質を調査した。その結果、すべての実生樹は自家結実性で、種子親、花粉親双方がもつ酸が低い形質が見られた。一方、交雑種に含まれる黄色形質は現われなかった。これらのことから、在来系を育種に用いた場合、自家結実性と低酸度、そして赤色の形質は優性に現われ、これらの変異は少ないと思われた。しかし果実の大きさは、中玉果実を種子親としたほうが小玉果実を種子親としたものより大きかった。大きな果実を作出したい場合は、種子親に大きな果実の品種を用いるべきである。

（米本仁巳）

第4章　おもな作型、苗木の準備から植付け

写真4－1　たわわに実るパッションフルーツ（棚栽培）

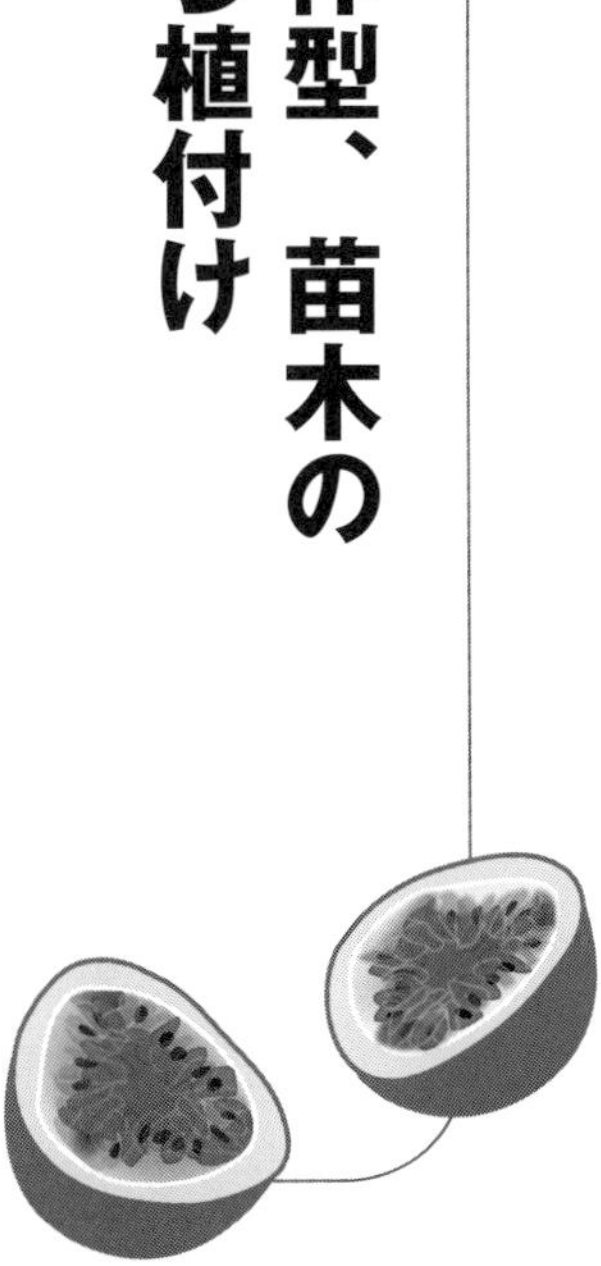

パッションフルーツは温度と肥料と水分さえあればぐんぐんと栄養生長し、さらに一一時間以上の日長があれば花芽分化し、開花・結実する（写真4－1）。したがって、緯度が低く、気温が年中高く、日長時間が短くなりにくい地域では、年に二〜三回、さらには周年的に収穫することも可能である。緯度が高くても、施設栽培や電照を用いれば収穫期を容易に変更できる。つまり、施設栽培、加温、電照などの組み合わせで、さまざまな作型を考えることができる。国内では以下のような作型が成立している（表4－1）。

1　代表的な栽培パターン（作型）

(1) 亜熱帯の露地または無加温簡易ハウス栽培（年一～二作）

冬季でも霜害のない沖縄、鹿児島や東京の島しょ部などでもっとも広く見られる作型は、秋に苗を植え付け、冬季に栄養生長させて三～六月に開花・結実、五～八月に収穫するタイプである。これらの地域では、無加温の簡易ハウス内で栽培して風や降雨の影響を最小限にし、高品質果実を得ている（表4－1②）。

また、十一～十二月の気温が十分にあれば（一五℃以上、二〇℃以上ならベスト）、収穫後に結果枝を切り返し、九月

の概略

せん定	開花	収穫	せん定	開花	収穫
夏季切り返し	晩秋季	春季			
夏季切り返し	晩秋季	春季			
夏季間引き	秋季	春季			
夏季間引き	初秋季	冬季			
初冬切り返し	初夏	夏～秋季	初冬切り返し	初夏	夏～秋季
晩夏切り返し	春季	初夏～夏季	晩夏切り返し	春季	初夏～夏季

表4－1　各作型（栽培パターン）

作型	適用地域と栽培様式	定植	開花	収穫
1回収穫	①本州での露地またはパイプハウス栽培	春季	初夏	夏～秋季
	②南西諸島でのパイプハウス栽培	秋季	春季	初夏～夏季
2回収穫	③本州での加温ハウス電照栽培 1)	夏季	早春季	初夏
	④南西諸島での無加温ハウス電照栽培 1)	秋季	早春季	初夏
	⑤沖縄での無加温ハウス電照栽培 2)	春季	初夏	夏季
	⑥沖縄での無加温ハウス栽培	春季	初夏	夏季
多年収穫	⑦本州での加温ハウス栽培	春季	初夏	夏～秋季
	⑧南西諸島での無加温ハウス栽培	秋季	春季	初夏～夏季

注　1）定植後の秋～冬季と，夏季切り返しせん定後の秋～冬季に電照（　）
　　2）夏季間引きせん定後の秋～冬季に電照（　）

に開花・結実させて十一～十二月に収穫する栽培もできる（年二作、表4－1⑥）。これを同じ株を用いて五年程度継続することも可能である。しかし、わが国では一年ごとに株を撤去し、新しい苗を定植するケースが多い。

(2) 亜熱帯での電照栽培（年一～三作）

前述した通りパッションフルーツは長日植物で、一一時間の日長があれば花芽分化し開花する。亜熱帯の冬季の日長時間は比較的長いが、十二～一月は一一時間を下回り開花は見られない。そこで十月下旬から、列の上五〇cmの位置に七〇Wの電球を三～四m間隔で設置し、二三

〜三時まで電照を行なって長日条件をつくり、冬季に開花・結実させて三〜五月に収穫する作型もある（表4－1④）。この電照による冬季の花、自然日長による三〜五月の花、九〜十月の花を組み合わせた周年栽培（年三作）も可能だが、国内ではあまり行なわれていない。

(3) 本州の加温ハウスでの育苗と露地栽培を組み合わせた作型（年一作）

加温ハウス内で大苗を育苗し、遅霜の心配のない四月下旬〜五月上旬に露地に定植し、五〜六月に開花・結実させ、七〜八月に収穫する。大苗を得ることができれば、本州のかなり多くの地域で実施可能な作型である（表4－1①）。収穫後に結果枝を切り返すと九〜十月に開花・結実するが、本州の露地では収穫期である十二月の気温が低く、果実品質が著しく低下するので通常は収穫しない。露地栽培では、風すれによる果実外観の低下は避けられない。平棚仕立て、果実袋の利用、風よけの簡易ハウスの利用などで、風の影響を軽減することは可能である。現在、岐阜県、千葉県、三重県などで、この作型による栽培が試験的に始まっている。

(4) 本州における電照と冬季加温を組み合わせた作型（年二作）

夏季にハウス内に定植して秋季までに主枝を伸長させ、短日期となる十一月から二月まで電照を行なって花蕾を結果枝上に着け、冬季に開花・結実させて春季から初夏にかけて収穫する。収穫終了後に結果枝を切り返しせん定し、再度結果枝を伸長させ、開花・結実させて晩夏から秋季にかけて収穫する作型である（表4－1③）。

北海道などの夏季が冷涼な地域では、真夏にも開花・結実させることが可能だが、本州南部では梅雨明け後の高温で花蕾が黄化・枯死するため、お盆過ぎからの開花・結実となる。夏季の高温期に開花させるには、七〇%程度遮光して細霧冷房して気温を下げる必要がある（写真4－2）。

それぞれの栽培での目標収量と平均単価は表4－2の通りで、おおよその所得率は四〇～五〇%である。もちろんこれより単価の低い場合もあれば、収量が少ないケースもある。逆に一〇a当たり三t程度収穫する農家もい

写真4－2　細霧冷房ラインと循環扇風機（左），**細霧冷房用噴霧器**（右）

表4−2　各栽培タイプの目標収量と平均的な単価

作型	適用地域と栽培様式	目標収量（t/10a）	kg単価（円）
1回収穫	①本州での露地またはパイプハウス栽培	2.0	1,200
	②南西諸島でのパイプハウス栽培	1.5	1,500
2回収穫	③本州での加温ハウス電照栽培	2.5	1,500
	④南西諸島での無加温ハウス電照栽培	2.5	1,500
	⑤沖縄での無加温ハウス電照栽培	2.5	1,500
	⑥沖縄での無加温ハウス栽培	2.3	1,500
多年収穫	⑦本州での加温ハウス栽培	2.5	1,500
	⑧南西諸島での無加温ハウス栽培	2.3	1,500

るし、単価も宅配など直売で、一kg二〇〇〇円以上で販売している例もあり、要は栽培と販売も努力次第ということがいえる。

2　好適な園地・圃場、温度環境

(1)　排水・保水性のよい砂壌土

パッションフルーツの根は浅いので、耕土は浅くても栽培可能である。排水不良園では根腐れなどの障害も発生するので、排水のよい砂壌土が適している。

パッションフルーツは乾燥には比較的強いが、栄養成長期、開花期、果実肥大期のいずれも水分要求量は非常に多く、降水量が八〇〇〜一〇〇〇mmより少ない地域では潅水が必要である。水分ストレスによって栄養生長や開花・結実が抑制されるだけでなく、果実の酸含量が高くなり生食には適さない

写真4－3　水分不足による果実の萎れ
下はその内部。生育が抑制され発育しない

果実になる（写真4－3）。オーストラリアでは、週に一個体当たり二〇〇～三五〇ℓの潅水を行なっている例もある。潅水はpF値で二・二以上になったら行なう。

一方で、保水性のよすぎる土壌では、活発に栄養生長し開花数が極端に減少する通称つるボケが発生しやすいとの報告もあるが、詳細はわかっていない。

(2)　酸性土壌が好ましい

土壌pHは中性～酸性が望ましい。pH四程度の酸性土壌でも生育阻害は見られず（写真4－4）、果実品質も優れるとの報告もある。pH七を超える土壌では、鉄、亜鉛など微量元素の欠乏と思われるク

pH5.4　　pH6.8　　pH7.4

写真４－４　土壌pHの違いがパッションフルーツの葉（上）と生育（下）におよぼす影響

pH7.4では葉色が悪く，栄養生長も優れない。アルカリ土壌による微量元素の欠乏が原因とされている。一方，pH4.7～6.8では葉色，栄養生長ともに優れる。パッションフルーツは酸性土壌をより好むと報告されている

ロロシスが発生しやすく、生育も著しく阻害されることがある（写真４－５）。

土壌のpHだけでなく、潅水に用いる水のpHも重要である。例えば、沖縄県の農業用水は、pH七・五を超える場合もあり、注意が必要である。必要に応じて、Feなどを含む微量元素を施用することは有効である。

pH4.7

(3)　なるべく〇℃以下にはさせない

おもに亜熱帯や熱帯高地で栽培されるムラサキクダモノトケイソウは、耐寒性が強く、耐暑性が弱い。一方で、熱帯低地で栽培されるキイロトケイソウは耐寒性が弱く、耐暑性が強い。交雑種はこれらの中間的な性質を示す。

加温設備があれば低温は問題にならない。しかし、加温設備のない場合は低温対策が非常に重要である。ただ、低温に比較的強いムラサキクダモノトケイソウは、一～二時間であればマイナス二℃でも枯死しない。また交雑種のサマークイーンも、生育状態が良好であれば〇℃以上の気温で枯死することはまれである。低温障害を受けてつるの先が枯れた場合も、気温上昇後に枯死していない部分まで切り返せば、新梢を発生させられる。しかし、低温で生育が停止すると、春先気温が上がってからの栄養生長が遅れることもある。

〇℃以上での低温障害は植物体内の酸化ストレスが原因である。これを軽減する方法として、遮光や硫化水素の施用などが研究されているが、栽培技術としては確立していない。しかし〇℃以下に気温が下がり、地際部が凍って裂けるような低温障害を受けた場合は、回復は望めない（写真4－6）。

写真4－5　要素欠乏による花，葉の症状
上：正常花（左端）と奇形花
下：微量要素欠乏でクロロシスの発生した葉

写真4－6　低温で枯死したパッションフルーツ

(4)　三〇℃以上で生育、開花・結実が抑制

ムラサキクダモノトケイソウは亜熱帯果樹で、高温には比較的弱い。だいたい三〇℃以上の気温で栄養生長、開花・結実ともに抑制される。花粉の発芽率も高温の影響を受けやすい。ただ、ムラサキ

クダモノトケイソウの花粉発芽の適温は二五℃とされてきたが、系統によって二～四℃程度異なることが近年明らかになっている。栽培環境に合わせた系統選びが重要といえよう。

一方で、耐暑性の強いキイロトケイソウとの交雑種である「サマークイーン」や「ルビースター」も三五℃で光合成速度が阻害され、「台農1号」を栽培している小笠原諸島では六～九月の高温期に花蕾が五㎜程度の大きさで黄化して脱落することが報告されている。

しかし液肥にNaClを添加すると七月の宮崎のハウス内で三五℃を超える環境でも開花が促進されたり、三重県では鉢を中空にぶら下げる特徴的な仕立て方（88ページ図5－4の関連図参照）をすることで、七～八月でも開花が促進されたことも報告されている。開花が抑制されるのは単に気温の問題だけではない可能性が高い。

3　苗木の準備、植付けの実際

(1)　最初は購入苗で

苗木は、信頼のおける苗木屋から入手可能な栽培系統を購入することが望ましい。あるいは知り合いに栽培農家がいれば、挿し木苗を譲ってもらうのも安心である。ホームセンターなどでも苗木は購入できるが、系統が不明な場合も多い。果実の販売を考える場合は、やはり優良な系統を選ぶ必要がある。葉に斑点があるものや、奇形葉がついている苗木は、ウイルス病を保毒している可能性がある。健全な葉のものを選ぶようにしたい。新梢先端の若い葉の葉脈が黄色くなっているのは、多くが微量要素欠乏で、根が傷んでいる可能性がある。

一度、信頼できる系統を入手すれば、あとは挿し木でクローン苗を容易につくることができる。よく充実し、やや硬化した緑枝を一〜二節で切断し、巻きひげ、花蕾などを落とし、葉を三分の一程度の大きさに切る（写真4―7）。これをバーミキュライトなど水もちのよい培地に挿し、水を切らさないように管理すれば（保温は不要）、二週間程度で発根する。極端な高温時や冬季を避ければ、発根率は一〇〇％に近い（図4―1）。

発根を確認したら、水はけのよい土壌を充填した鉢に植え替え、潅水と施肥を十分に行ない、栄養生長を促進させる。

一方でウイルスの害の出た個体から挿し木苗をつくると、苗にもウイルスが広がる。ウイルス病のリスクの高い地域では、生長点培養などによるウイルスフリー苗を用いるようにする。

(2)　本州の栽培には大苗が必要

亜熱帯なら、秋季に主枝の長さ三〇cm程度の小型苗を定植し、翌春にかけて栄養生長させることが

写真4－7　挿し穂の調整

よく充実し，やや硬化した緑枝を1～2節で切り，巻きひげ，花蕾などを落とし，葉を3分の1程度の大きさに切る

できる。ただし露地に植える場合は、スイカの苗を定植する要領で、簡易のビニルフィルムによるキャップ（またはトンネル栽培）で活着と新梢の伸長を促進させるとよい。

一方、本州では大苗が必要になる。施設内で育苗し、露地には遅霜の心配ない時期に定植する。どのくらいの大苗が必要かは仕立て方によっても異なるが、吊り下げ方式の垣根整枝の場合は、主枝の長さ二m程度の大苗を準備する（写真4－8）。

パッションフルーツの大苗

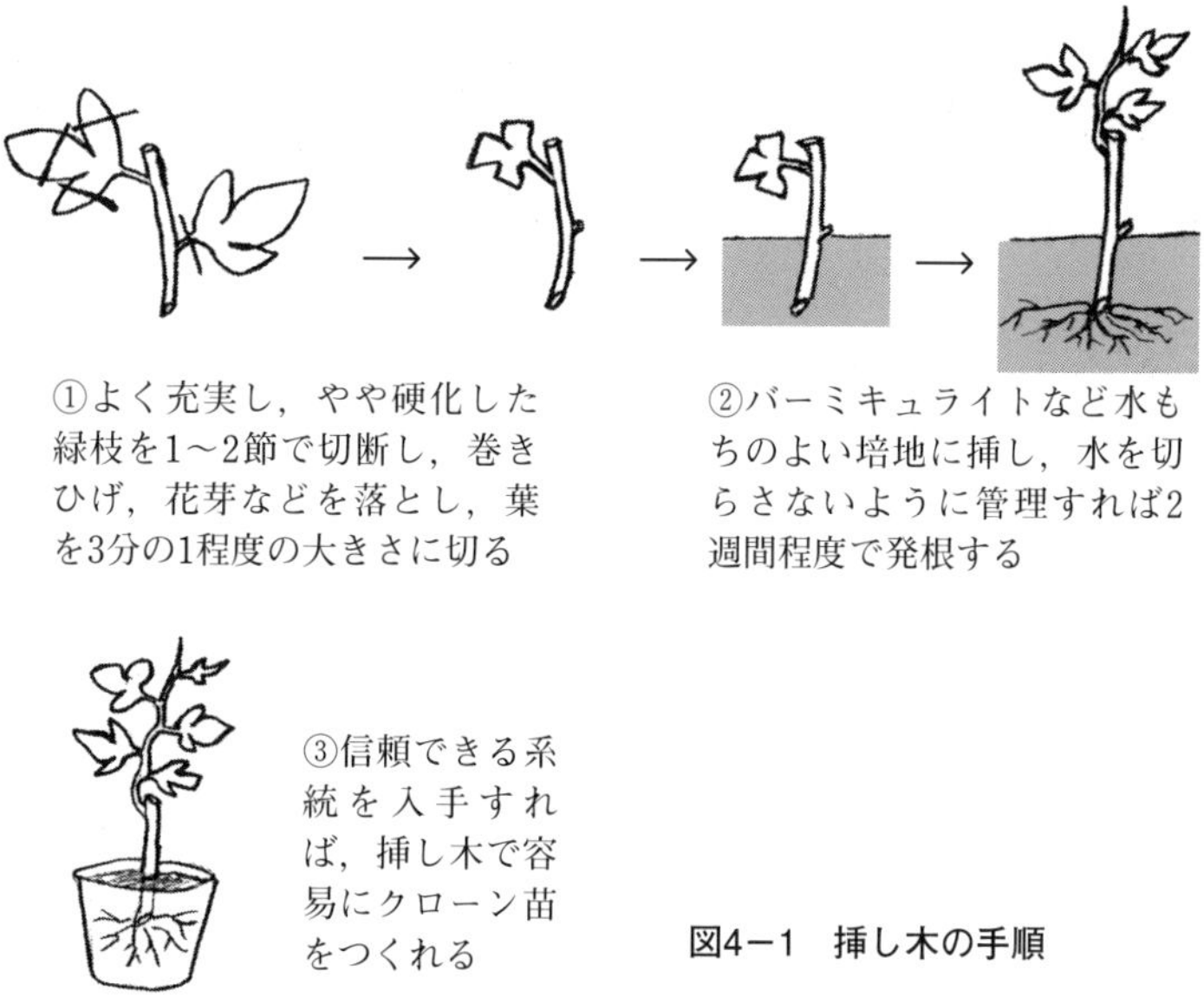

図4−1　挿し木の手順

は、八～九号ポットに鉢増しして、最低気温一〇℃以上のハウス内で育成する。主枝はひもで上方に向けて誘引し、まっすぐに伸ばす。加温ハウスがあれば比較的容易に準備できる。無加温ハウスで育苗できればコストはかなり低く抑えられる。現在、さまざまな方法で大苗を育苗する技術開発が進んでいる（写真4−9）。

4　仕立て方　栽植間隔

(1)　垣根整枝か棚仕立て

パッションフルーツはつる性なので、任意の樹形に容易に仕立てられる。現在、国内で行なわれている仕立て方は、大きく垣根整枝と棚仕立てとに分けられ、さらに垣根整枝は、結果枝を上から吊り下げる整枝と、下から上に這わせるマンソン仕立てに分かれる（図4－2）。

吊り下げ型垣根整枝は、主枝の配置の仕方によって逆L字、T字または一文字整枝などと呼ばれるが、結果枝を上から吊り下げるという意味では同じと考えてよい（写真4－10）。マンソン仕立ては、吊り下げ型と比べて収量が減少するという報告がある一方で、着果率が向上するという報告もある。栽培環

写真4－8　主枝の長さ2mほどの大苗

写真4－9　ロングポットで育成の大苗（左）とその定植圃場

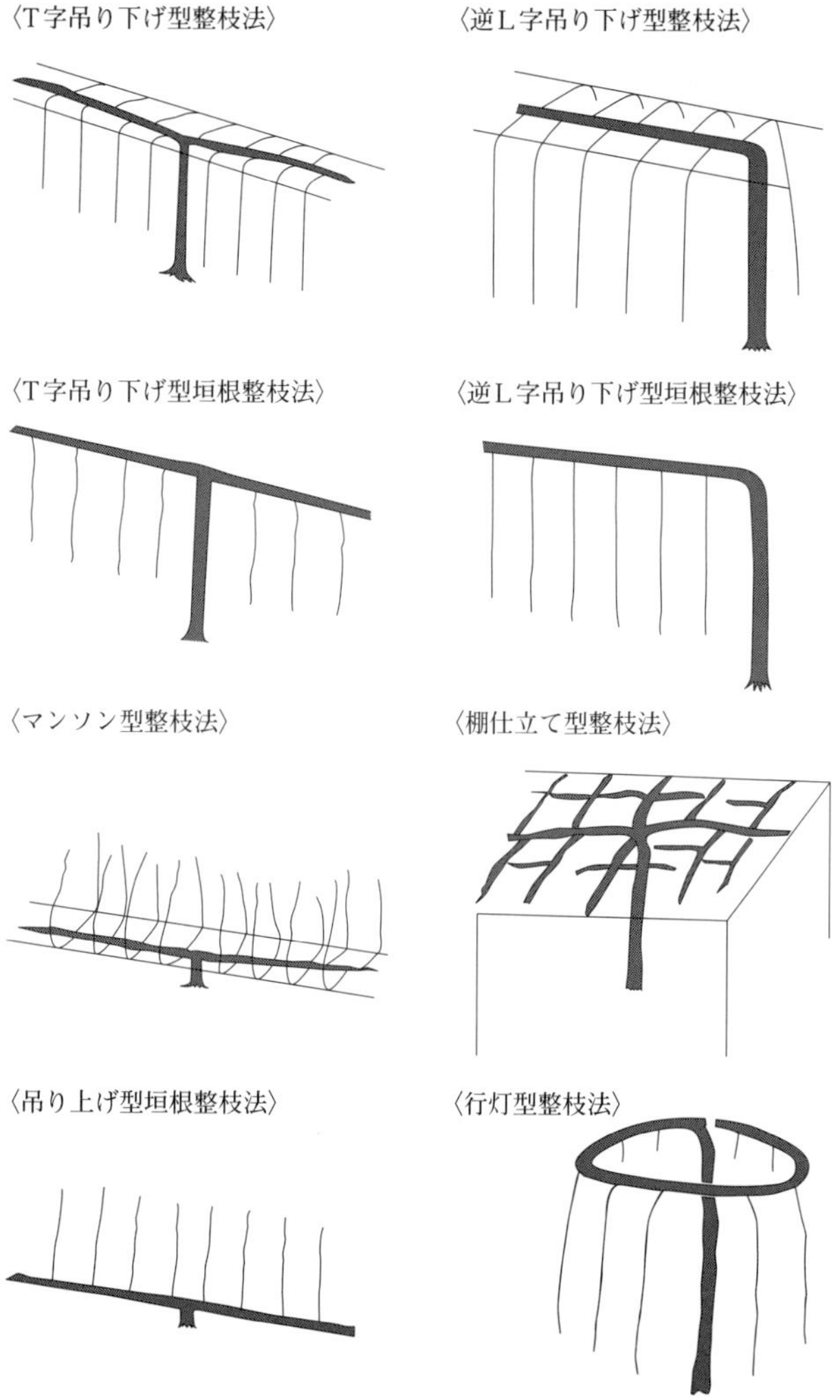

図4－2　さまざまな整枝例（イメージ）

境や栽培系統の違いも影響していると考えられ、今後の研究が待たれる。

小笠原諸島などの台風常襲地帯では、風に吹かれても落果しないように平棚栽培が行なわれる（写真4－11、図4－3）。

写真4－10　吊り下げ型垣根整枝

写真4－11　棚仕立て（小笠原諸島）

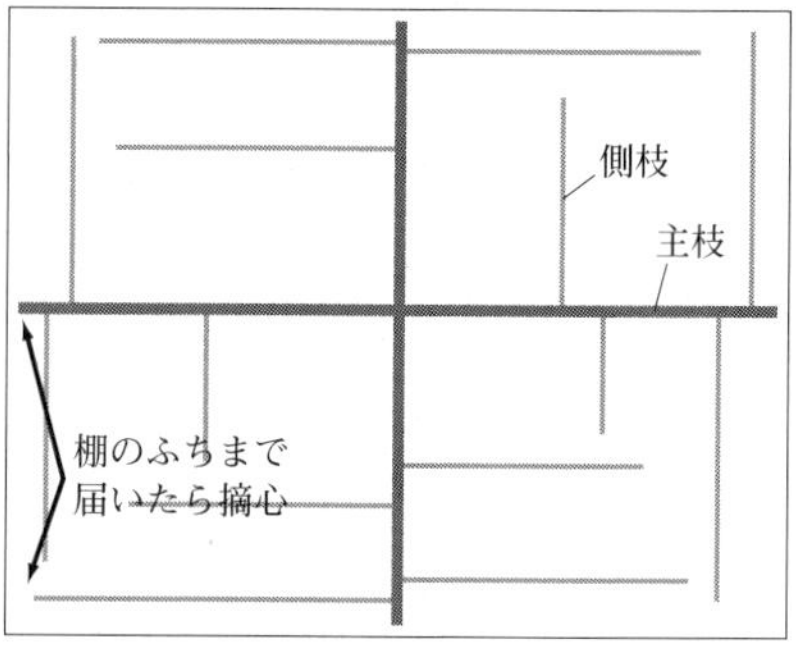

図4−3　平棚仕立ての主枝と側枝の配置（平面図）

主枝（主幹延長枝）が棚の高さに届いたら摘心して側枝を出させる。4本の側枝を4方向に結束しながら伸ばし「主枝」とし，棚のふちに達したら再度摘心する。主枝からは側枝を発生させて，棚面に均等に配置する。これから結果枝を垂らす

(2)　家庭では行灯仕立て

また、ポットを用いて行灯《あんどん》仕立てにすることも可能である。二〇ℓから六〇ℓの鉢に苗木を定植し、三～四本のイボ竹支柱を立てる。その中央部と先端部に、タキロン線か八番線でつくった円形の輪をくくり付けて、支柱を固定する。主枝をイボ竹に誘引しながら上方に伸ばし、先端部の輪に一周させてから先端部を下垂させ、地面に着く前に摘心する。先端部の輪に沿わせた主枝から結果枝を発生させて下垂させ、これも地面に着く前に摘心する。この結果枝上に着花させる。

一本の結果枝から三～五果実を収穫でき、六〇ℓ鉢で直径一m程度の輪なら二〇～三〇本の結果枝から六〇～九〇個の果実が収穫できる。行灯仕立ては、家庭でも楽しみやすい仕立て方といえる（写真4-12、図4-4）。

(3) 栽植間隔

平棚栽培の場合は一本で五ｍ四方に枝葉が繁茂する。垣根整枝では畝間二〜二・五ｍ、株間五〜二〇ｍで栽培できる。株間が広いと、主枝が伸びて空間を埋めるのに時間がかかるので、栽培農家では株間二〜六ｍ間隔で定植することが多い。株間が埋まったら隣り合う主枝先端を摘心する。

例外的なつくりだが、保温可能なハウスの側面を利

写真4－12　60ℓ鉢による行灯仕立て
これで60〜90個の果実が収穫できる

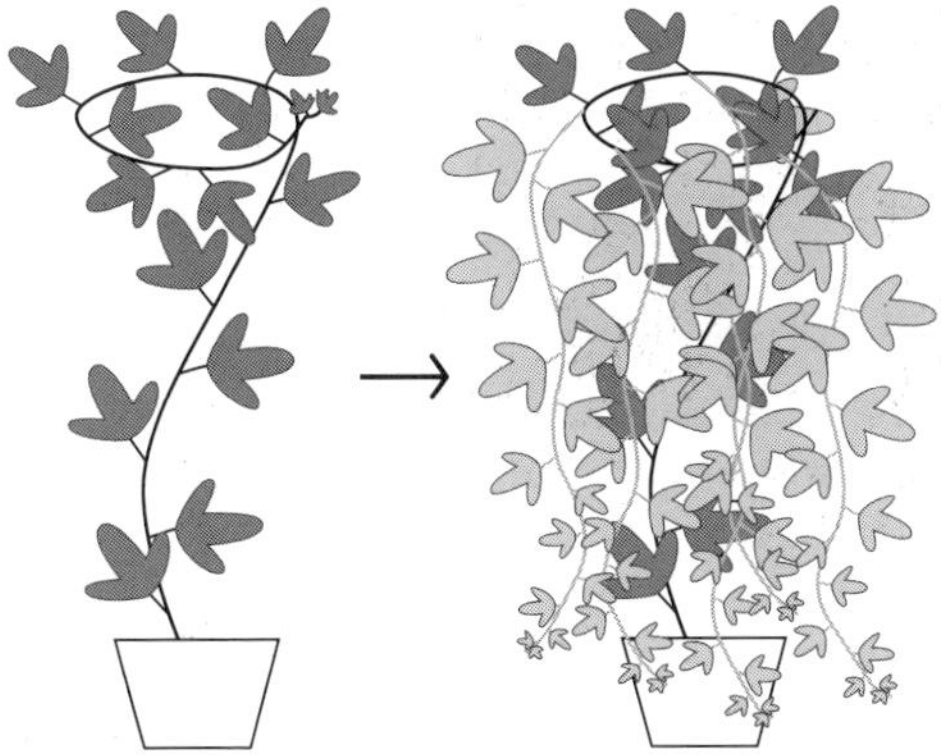

図4－4　行灯仕立て（模式図，イボ竹支柱は略）
右の色の薄い枝が結果枝

用し、そこに主枝をゆっくり伸ばし、側枝を更新しながら数年間にわたって収穫するやり方もある（写真4―13）。同じハウスで、まだ結実していない果樹を養成中で、早期に収入を確保したいという場合の空間活用である。主枝は二〇ｍくらいゆっくり伸ばし、その間側枝を更新して収穫を継続できる。

一方、六〇ℓポットで行なう行灯仕立ては、ポット間隔を二ｍ程度に配置して密に空間利用することができる（写真4―14）。

写真4－13　ハウス側面で栽培しているパッションフルーツ7年生樹

写真4－14　ポット（鉢）栽培ならふつうの仕立てより密に空間利用できる

5　必要な施設、支柱、棚など

(1)　支線は、収穫時の重さに耐える強度が必要

いずれの仕立て方でも、国内のほとんどの地域で人工受粉が必要となるので、棚や支線の高さは作業性を考慮して栽培者の身長に合わせる（図4－5）。

平棚栽培の場合は、一m間隔に支線を配置する。吊り下げ型垣根整枝の場合は、畝間二～二・五mとなるように支線を配置する。支線の両サイドには固定支柱を打ち込み、支線をしっかりと張る。また、収穫期に果実を支えられるよう二m間隔で支柱を配置する。例えば、主枝から結果枝を五cm間隔で垂らし、それぞれの側枝に一〇〇gの果実を三果ずつ結実させた場合、二mの主枝には三〇〇g×四〇本で計一二kgの果実重と側枝の重さを加えた重量負担がかかる。この重量に耐えられる強度が必要となる（写真4－15）。

(2)　島しょ部でもハウスはあったほうがよい

本州での栽培で、越冬させるにはハウスが必要である。パッションフルーツそのものは系統にもよ

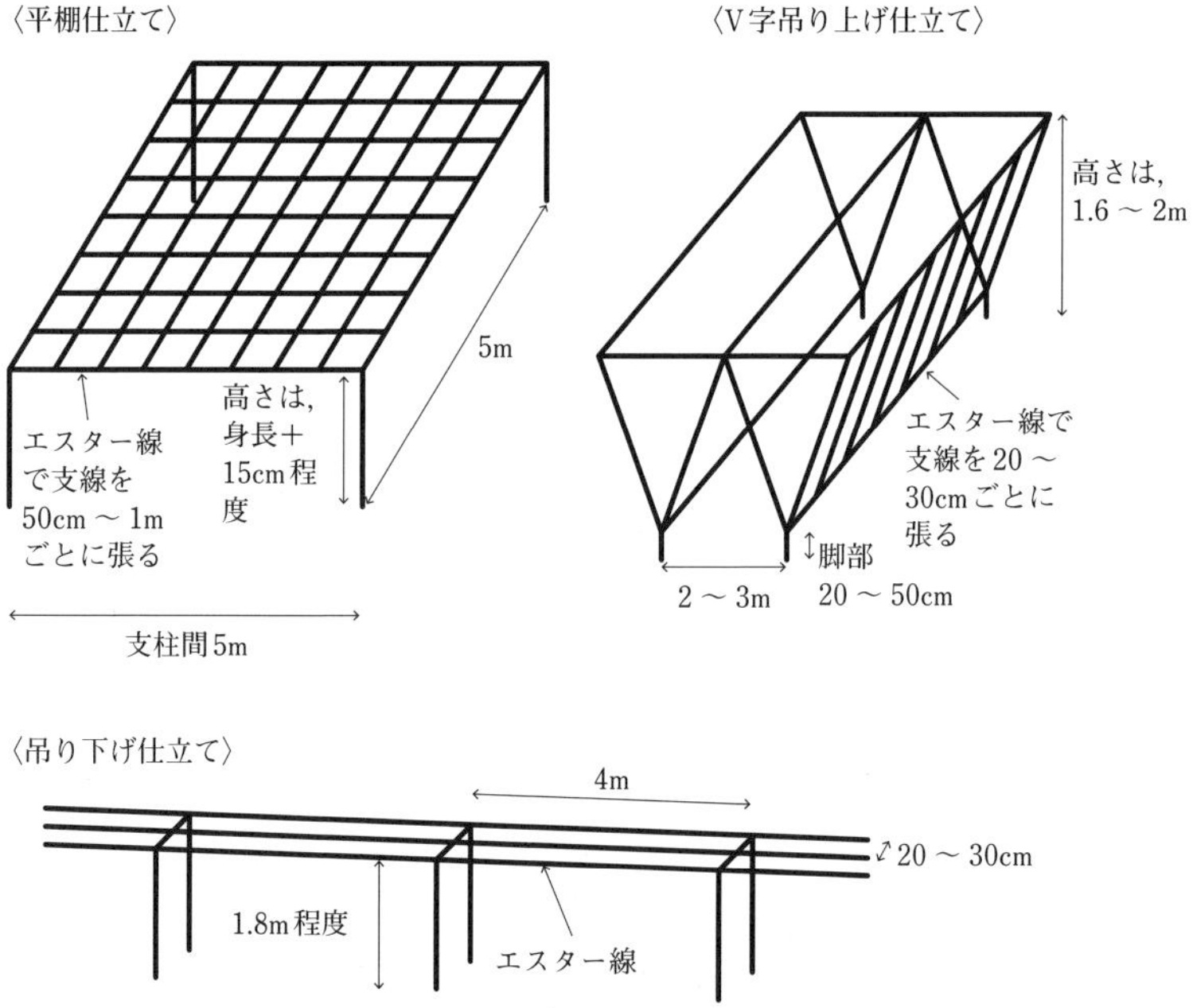

図4−5　各仕立ての支線と支柱の模式図

各仕立ての導入時の経費（支柱やマイカ線ほか）は10a当たりで，平棚が約75万円，V字吊り上げが約50万円，吊り下げが約40万円程度である。ただし，パイプハウスの骨組みを使えば，安くマイカ線を張れるし，露地の場合はしっかりとした支柱やひかえのアンカーが必要になり，高くなる。

このほかにハウスの被覆経費，遮光ネットなどに30万円くらいかかる。

写真4−15　支柱の固定方法

ハウスのアーチパイプに48mmの直管パイプを固定（a），このパイプに，横からやはり48mm直管パイプを交差させ固定することで（b），支線を支える支柱の強度が増し，斜めに固定の支柱を打ち込まなくてすむ

写真4−16　パッションフルーツは風すれに弱い
（矢印）

るが、経験的には「サマークイーン」や「ルビースター」、「台農1号」は〇～五℃以下にならなければ越冬できる。そのため、霜よけだけの簡易ハウスで越冬可能な地域もある。

一方、風すれに弱いので（写真4－16）、外観の美しい高価な果実を生産するためには、亜熱帯気候の島しょ部でもハウスが必要になる。簡易なタイプでもハウス内であれば電照線や電球を安心して配置できる。冬季の短日期に電照で一一時間以上（栽培上は一二時間以上を推奨）の長日条件を与えてやることができ、早春から開花・結実させて早期出荷が可能となる。

写真5－1　亜熱帯地域で多い年1作型の栽培圃場

第5章　収穫までの栽培管理

パッションフルーツは簡易施設や暖房機、電照などを組み合わせることで、さまざまな作型が成立し得る。その中で、国内でもっとも多く取り組まれている（栽培面積が多い）のが、亜熱帯における年一作の作型である（写真5－1、図5－1）。他の作型も結局のところこの作型の応用型ともいえる。そこで本章では、この作型の生育ステージごとの栽培管理について取り上げ、最後にそれ以外の作型のポイントを紹介する。

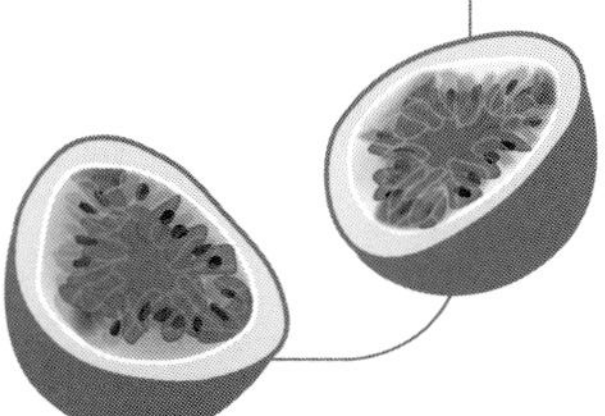

1　発芽、新梢伸長～開花まで

(1) 主枝の誘引、配置

南西諸島、小笠原諸島などの亜熱帯地域では無加温で越冬可能なので、十月頃につる（主枝）長三〇cm程度の小型の苗を定植する（図5－2）。吊り下げ型垣根整枝では、苗の脇に立てた支柱に沿ってつるを伸長させ、上方に張った支線まではまっすぐに誘引する（写真5－2）。支線に達するまでは脇芽をかいて一本に仕立てる。

つるが支線に達したら、今度は支線に沿って誘引しながら水平に伸長させる。一文字整枝の場合は、支線の高さ付近の脇芽を残し、逆方向にも誘引する（図5－3）。支線に沿って伸ばしたつるが主枝となり、これが隣接する株の主枝に接したら、その時点で摘心するか、下方に垂らし地面につく直前で摘心する。この摘心、あるいは下垂させることで主枝の葉腋から側枝が急速に発生して伸長を開始する。これを結果枝として用いる（図5－4）。

10月			11月			12月		
上	中	下	上	中	下	上	中	下
定植←―― 新梢伸長期 ――								
づけ　ビニール被覆								
入）　元肥						追肥		

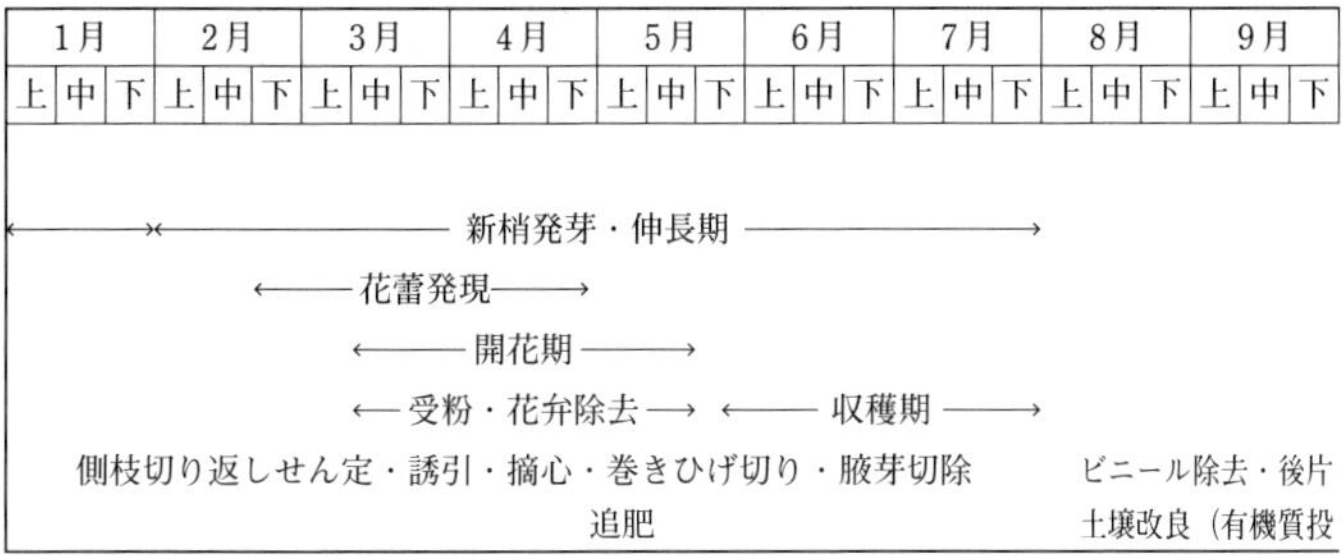

図5−1　南西諸島のパイプハウス栽培（年1回収穫）
年1回収穫で8月には後片づけを行ない，10月以後に再度植え替える

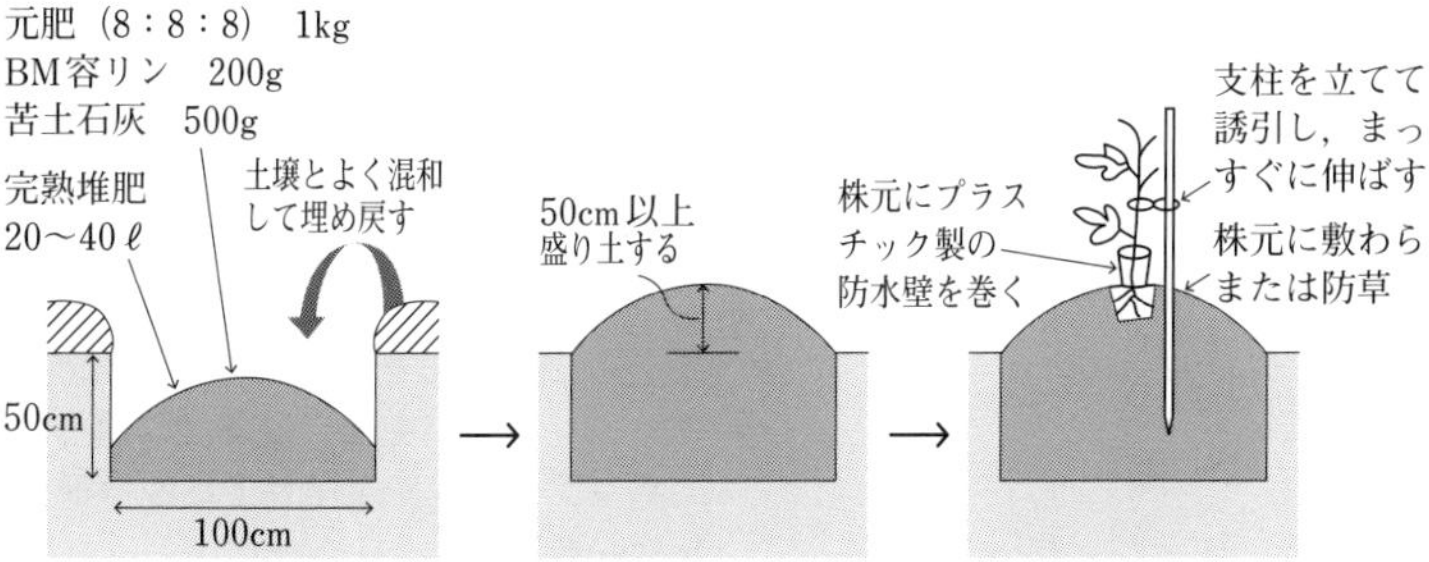

図5−2　棚仕立て栽培（20～30m^{2}当たり1本定植）**の定植手順**

平棚仕立ての場合も同様で、支柱に沿ってつるを上方に誘引、棚面に到達したら摘心して側枝を出させる。このうち上位の三～五本の側枝を残して棚面に配置し、これを主枝とする（76ページ図4－3参照）。この主枝がやはり棚の縁や隣の個体のつる（主枝など）に届いたら再度摘心し、さらに側枝を出させ、これを結果枝として利用する。

なお、吊り下げ型垣根整枝で結果枝を下方に垂らす際、葉腋から発生する巻き

写真5－2　つる（主枝）は支柱に沿ってまっすぐ伸ばす（吊り下げ型垣根整枝の例）

ひげが互いに絡み合い、巻き付いて、つるが上方に伸びてしまうことがよくある。巻きひげはこまめに切り取り、結果枝や果実の重みで下方にぶら下がるようにする。平棚仕立てにおいても、つるが旺盛に伸長し、棚が込み合うことも多いので、脇芽の除去や枝の整理が必要になる。

(2) 結果枝の誘引、摘心

結果枝を下方に伸ばしていくと花蕾をもつようになる（写真5－3）。花蕾が着いたら五果程度を肥大させ、その先は摘心する。地面近くになって初めて花蕾が見られた場合は、その結果枝を主枝から二葉残して切り返す。それぞれの葉腋から一～二本の結果枝が新たに発生し（写真5－4）、これらには必ず花蕾が着くので、五花を残して摘心する（五花のみ開花させ、人工受粉する）。着花が見

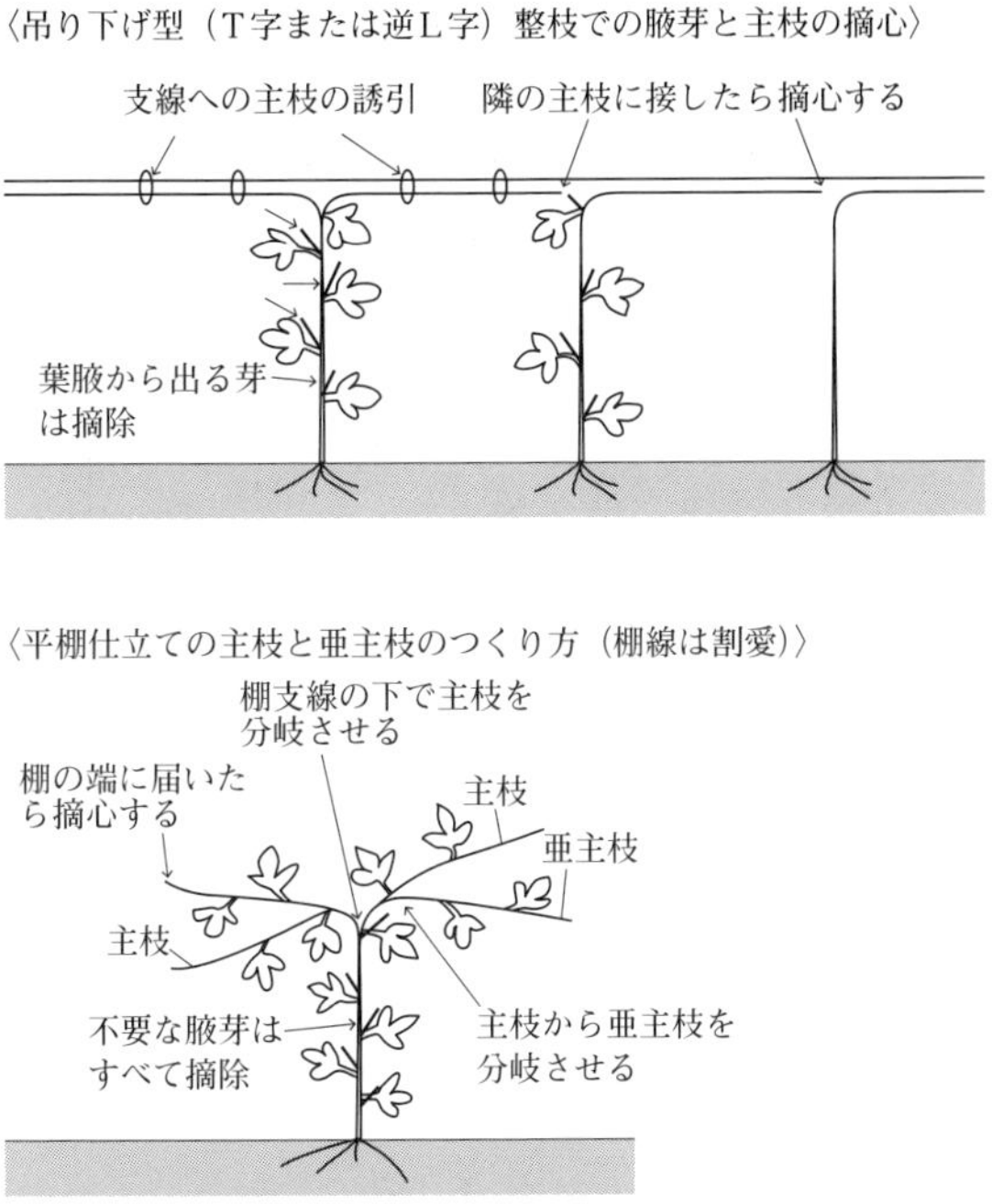

図5－3　主枝の誘引と配置

られないまま地面に達した結果枝も、同様に主枝から二葉を残して切り返し、再度結果枝を発生させる。花蕾が着くまで、この作業を繰り返す。

前述の通り、結果枝から発生する巻きひげは徹底的に切り取る(写真5-5)。そうしないと、結果枝が横方向から上方向に伸び、隣接する結果枝と絡まり、作業性、通気性、受光態勢を阻害する。

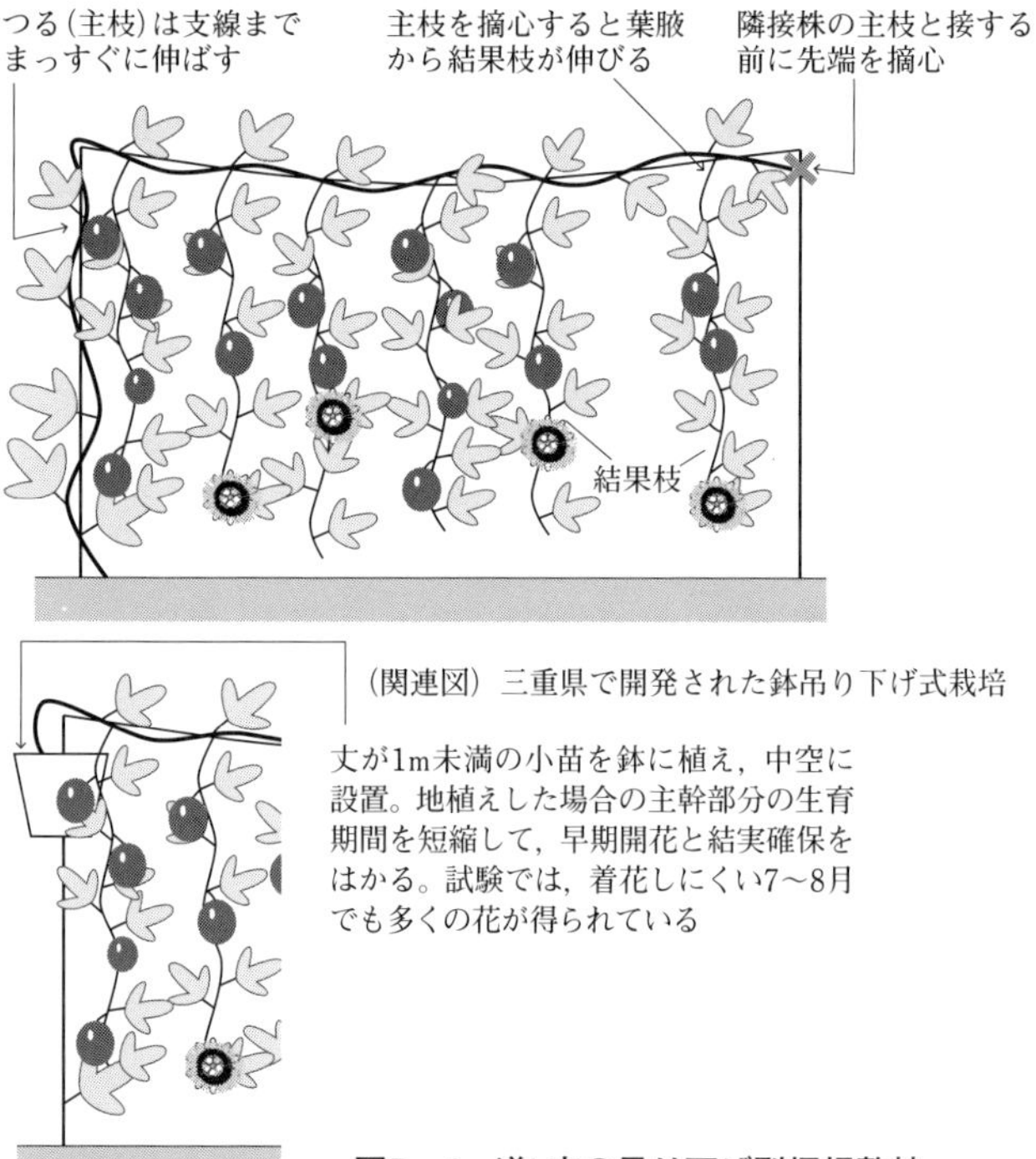

図5−4　逆L字の吊り下げ型垣根整枝

2　開花・結実期

(1) 独特な開花特性

品種あるいはその日の気温によって開花時間は異なるが、交雑種は九時頃に花弁が開き始める。開花したばかりの花の花柱は立っているが、花粉放出時までには水平になってくる（写真5−6）。また、開花時の雄しべは上方を向いているが、花粉放出時には下方に反転する。このとき雄しべを指先でこすると花粉が付着するので、容易に確認できる。人工受粉は、

写真5−3　結果枝を下方に伸ばすと花芽（花蕾）をもつようになる（矢印）**。右は先端部の様子**

写真5−4　2葉残して切り返した結果枝
葉腋から1〜2本の新梢（矢印）が新たに発生する

放出された花粉をできるだけ万遍なく柱頭に付着させる。その方法は農家によりさまざまである。

写真5―5　花蕾（b）の横から出てくる新梢（a）は徹底的に除去して花蕾の発育を促進させる

(2) 開花したらその日中に受粉する
――人工受粉のやり方

一つは、花粉放出が確認できたら、絵筆で雄しべをなでて花粉をつけ、同じ花の柱頭に受粉する（写真5―7）。絵筆がない場合は、雄しべを指先でつまんでちぎり取り、花粉を放出している面を柱頭にじかにこすりつけて受粉してもよい。また、軍手をはめて雄しべの花粉を指先につけ、その指先で柱頭をなでるようにすると作業効率が高まる。

しかし、いずれにしても夕方になると花柱が水平よりもさらに下方に下がるので、作業がしにくくなる。受粉作業は午前の花粉放出時から日中にかけて行なう（写真5―8）。

(3) 一～二本の柱頭に受粉すればよいが……

三つある柱頭は子房上部で一本に合体している。したがって、最低一つ、ないし二つの柱頭に受粉するだけで結実はする。しかし、大きな果実、果汁の多い果実を生産するには、より多くの種子を形成させる必要があり、作業時間はかかるが三つの柱頭すべてに受粉させるのがよい。

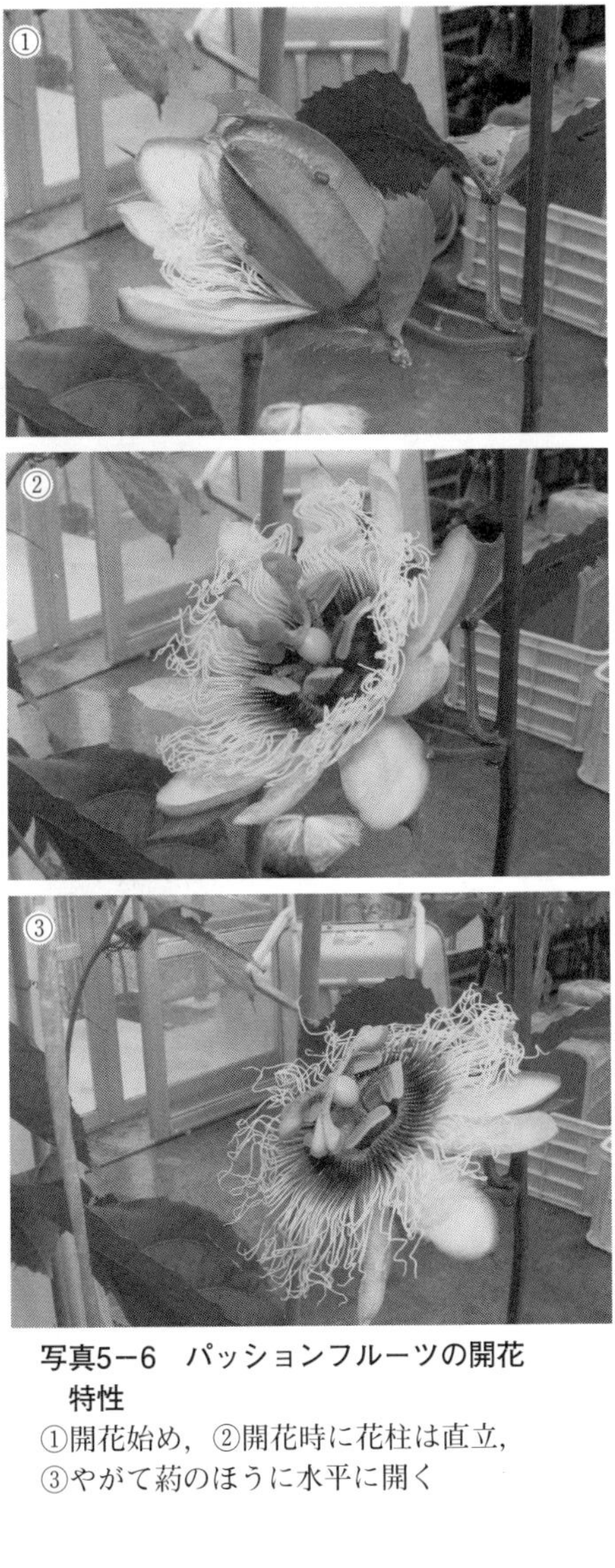

写真5−6　パッションフルーツの開花特性
①開花始め，②開花時に花柱は直立，③やがて葯のほうに水平に開く

写真5−7　絵筆による人工受粉

(4) クロマルハナバチも併用

クロマルハナバチを放飼すると、人工受粉しなくても結実する。市販のクロマルハナバチの巣箱(二万円程度)には三〇匹ほどの働きバチと女王バチおよび雄バチが入っている。一〇a程度のハウスでも一箱入れてやれば、十分に働いてくれる(写真5－9)。

写真5－8　人工受粉の手順

①葯を摘みとり，②葯を柱頭にこすりつけ，③たくさんの花粉を付着させる。3本の柱頭に万遍なくつけるのが望ましいが，1本のみでも着果する

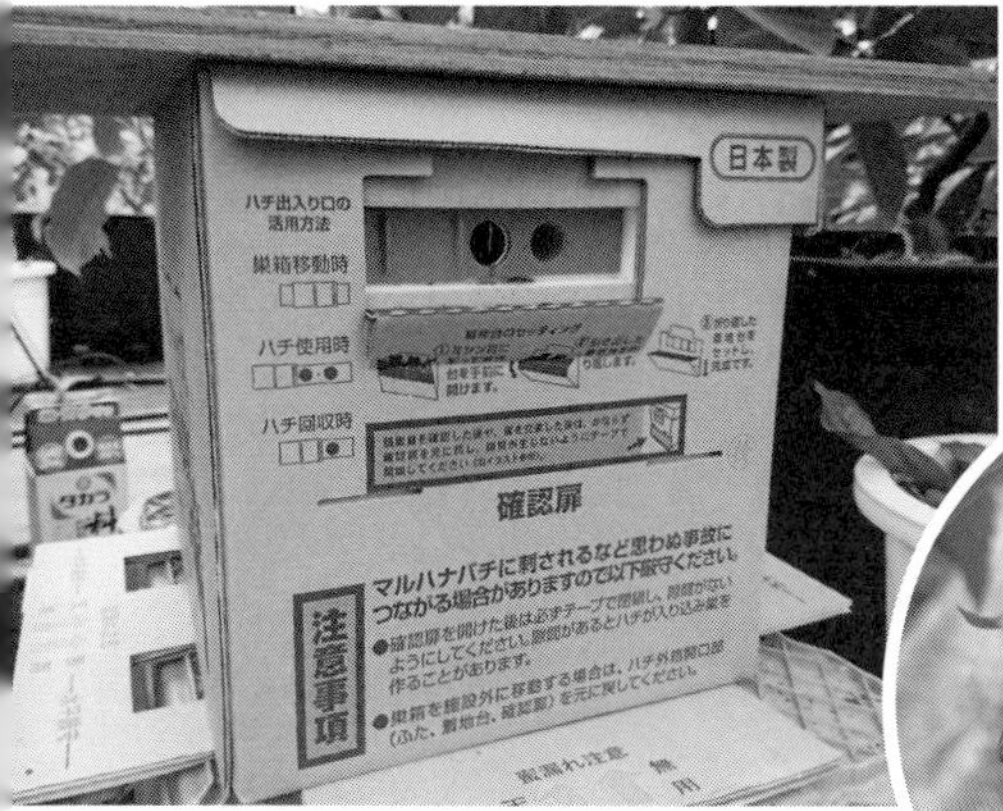

写真5−9　クロマルハナバチの巣箱（左）と受粉の様子
10a程度のハウスでも一箱入れておけば，人工受粉は不要

ミツバチはきれいに雄しべから花粉を採取して巣箱に持ち帰るが、受粉への効果は少ないようである。

3　果実肥大期

(1)　結実後、花カスはすぐ取る

パッションフルーツの花は、人工受粉後の夜には花弁を閉じる（写真5−10）。夜間が五℃程度の低

写真5−10　開花終了してしぼんだ花

温になると、花弁を閉じることができずに翌朝まで開いていることがあるが、日中の気温の上昇とともに花弁を閉じる。

　受粉後一時間以内に柱頭上で花粉は発芽して、一八時間後には受精する。受精した子房はただちに肥大を始め、受粉二日後には、萎れた花弁を剥がすと開花当日の約二倍に肥大している。このときに黄色くなって肥大してい

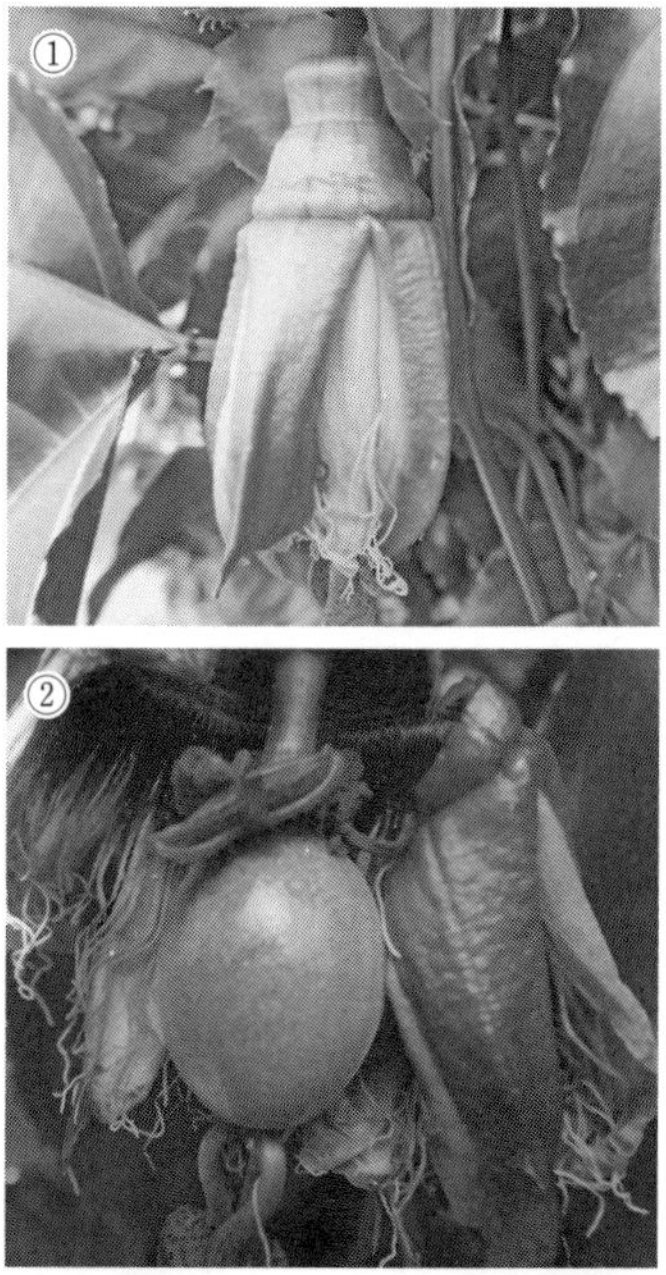

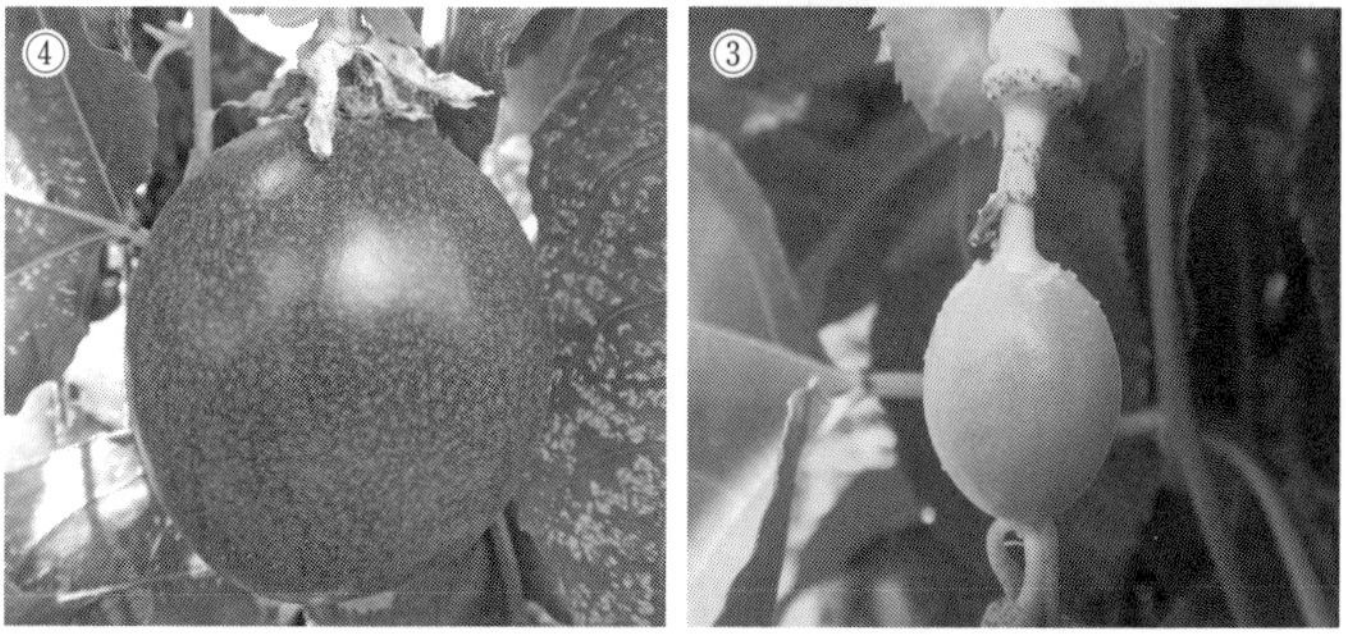

写真5－11　萎れた花弁は早急に除去する

①花弁除去前（受粉3，4日後），②花弁除去開始（子房が肥大している），③花弁除去後（子房が光を受けて病害の発生が軽減される），④花弁除去しなければ萎れて，乾燥した花弁が収穫期まで付着したままになる

ないものは受精してないので、一週間後には落果する。受精している果実は、その一週間後に子房の肥大に伴って萎れて付着した花弁を押し広げ、顔を覗かせる。付着した花弁はカビの発生原因になるので、子房の肥大が確認され次第、早い段階でちぎり取る（写真5－11）。さらに長期間花弁を残すと着色不良にもつながる（写真5－12）。

写真5－12　花弁を長期間残すことで着色不良になる

(2)　適正着果量は一結果枝三～五果程度

パッションフルーツの株の状態にもよるが、下垂させた結果枝に五果程度結実すると、その後の花の花柱は倒れず（35ページ写真2－10参照）、子房は小さくやや黄色くなる。このような花に受粉しても結実しない。一・八m程度の高さから下垂させた結果枝に果実を五個着けると、最後の一果は地面付近に結果している。したがって、その先は摘心するのがよい。

また、摘果をして着果数を減らしてやることで、果実が大きくなるだけでなく、糖含量が増加し酸含量が減少して生食に適した高品質果実を生産できる。収量は減少するが、品質が上がって単価が上がり、むしろ収入は増加する可能性が高い（36ページ表2－2参照）。なお、支線に沿って水平に伸ばす主枝にも着花し、結実するが、やはり五果程度結実すれば、その後の花は花柱が立ったままとなり結実しない。しかし、さらに伸ばすと主枝に余力が発生して再度水平になる花柱をもつ花が現われる。これらの花は受粉すれば結実する。いずれにしても、三果実連続で結実させたら、その後は結実させないほうが大きな果実を収穫できる。

4　収穫期

(1)　収穫は落果果実をキャッチ

果実生育期間中の気温によって異なるが、開花から五五日（夏季高温期）から一二〇日（冬季低温期）後に成熟して落果する。高温期には早く、低温期には遅く落果する。果実生育初期の果実は緑色で、太陽光を浴びた果実は、落果期が近づくと果皮に紫色を呈してくる。この色はアントシアニンの赤色と葉緑素の緑色が混ざった色である。

着色が始まったら早急に袋掛けをするか、平棚栽培の場合は棚の下部にネットを張る。収穫はこの袋内あるいはネット上に落果した果実をとる。袋掛けより簡便なやり方として、離層ができる苞葉の

写真5－14　果梗をひもでしばり，落ちないようにしている農家もいる

写真5－13　洗濯バサミで苞葉（矢印）を着色直前に挟み込む
41ページ，写真2－15も参照

部分を洗濯バサミで挟む方法もある（写真5－13）。果実が完全着色したら手のひらで受け止めながら洗濯バサミを外して収穫する。落果しない場合は再度挟み、後日同じようにして収穫する。

　大きな果実だと洗濯バサミでは落果することがある。そこで、慎重な農家は大きな果実の果梗と結果枝をタコ糸などで結んで果実が地面に落果するのを防いでいる（写真5－14）。

　地面に落とした果実は、外観上問題がなくても出荷すべきではない。果実は収穫後に酸含量が低下し、生食しやすくなるが、強い衝

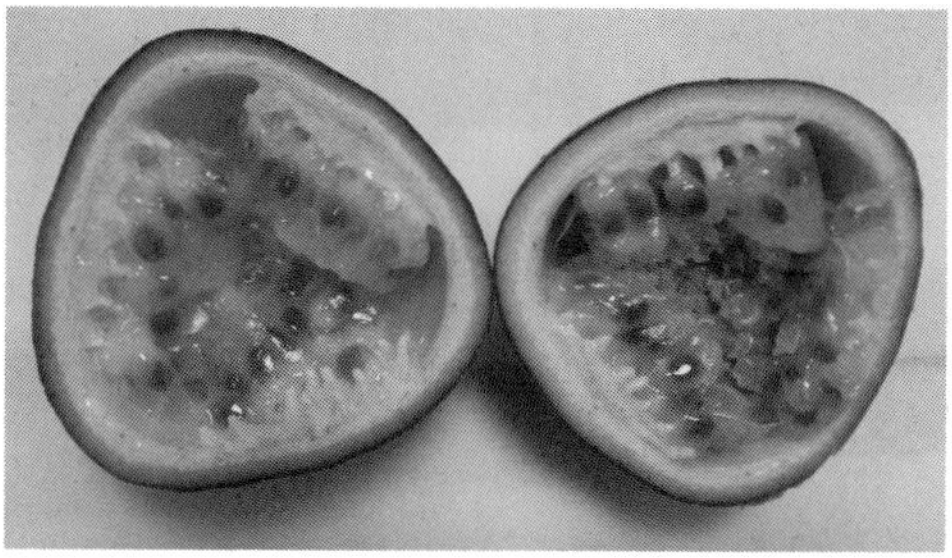

写真5－15　落果した果実（左）とキャッチした果実（右）
地上に落ちると果汁が果実内に漏れ出し，減酸が進まず追熟しても酸っぱい

撃を受けると酸含量の低下が進まない。酸含量が低下しないだけでなく、異味異臭がする場合もある（写真5－15、写真2－13参照）。

(2) 着色不良果は日光浴で完全着色させる

パッションフルーツでは、日射不足や養水分不足、夏季の高温、冬季の低温などの理由で、完全着色しないまま落果する果実も多い（写真5－16）。これらの果実も、落下後に太陽光にさらしてやると短期間で着色する。ただし、直接さらしてしまうと萎れてしまうので、有孔ポリ袋などに入れて五〇％程度の光に二～三日さらすとよい（写真5－17）。

(3) 収穫後は二〇～二五℃で湿度を保ち、有酸素下で一〇日間追熟

パッションフルーツの収穫時の酸含量は二～四％で、系統や収穫時期により異なる。収穫後に一〇日間程度二〇～二五℃で酸素のある状態に置けば、呼吸により果汁中の酸が一％程度減少する。収穫後に酸

含量は減少するが、糖含量はそれほど減少しない。減酸により糖・酸の比率が高まることで、甘味が増したように感じる。果実が萎れたら

写真5－16　着色不良の果実（右から4個目まで）

写真5－17　着色不全で落果した果実を，日光に3日間さらせば着色する（下）

食べ頃だといわれるのは、その頃までに糖酸比が増加し、食べやすくなるからである。

しかし、せっかくみずみずしい果実を収穫しても、萎れさせてしまっては食欲をそそらない。萎れるのは水分が失われるからである。水分の減少を一〇日間程度最小限にとどめて減酸させ、その後に冷蔵保存すれば一ヵ月程度は貯蔵可能である。この場合、有孔ポリ袋は酸素欠乏にならないで湿度も保てるので、使わない手はない。市販のフリーザーバッグかポリ袋にパンチで穴をあけて使う。また、果梗の切断面から水分が抜けて萎れるので、この部分にシールを貼り付けることでも萎れを防げる（123ページ写真6－3、124ページ写真6－4参照）。

なお、前述の通り、落果などで強い衝撃を与えてしまった果実は、酸含量が減少しないばかりか、追熟中に異味異臭が発生することがある。収穫後だけでなく、収穫中のハンドリングに注意が必要である。

(4) その他の管理

①年一作で株を更新する場合は挿し木繁殖を

先に、下垂させた側枝上に着花しなかった枝は切り返しせん定するとしたが（86ページ「1－(2)結果枝の誘引、摘心」参照）、このとき切り落とした枝は捨てずに、収穫作業後に挿し木して育苗に用いる。挿し木後、発根したものは市販の野菜用栽培土壌を入れたポットに鉢上げして育苗し、翌年に使用する株とする。

②年二作の場合は切り返しせん定

株を数年間継続しながら年二作収穫する場合は、結果枝を切り返しせん定し、そこから発生する枝を二作目の結果枝として用いる。切り返しせん定の際、古い結果枝を二～三節ほど残しておくと、新しい結果枝の伸長が速くなる。切り返し後、枝は多数発生するので、適当に間引く必要がある。

海外では五年程度収穫を継続するのが一般的である。しかし、温暖な地域では、輪作や休耕により害虫の根絶またはリセットをしないと被害を抑えきれない。粘土質土壌ではフザリウム菌による萎ちょう病も発生する。しかし、鹿児島県指宿市や長崎県島原市の排水性のよい火山礫質土壌では、ハウス栽培で五年生を超える樹も見られる。冬季の低温対策と収穫後の整枝せん定、病害虫の徹底防除ができれば、数年にわたって同一樹から収穫を続けることは可能である。

《事例1》

秋定植・初夏収穫、年一作栽培

西果樹園・西 盛満さん（鹿児島県奄美大島）

奄美大島では昭和三十三（一九五八）年頃からパッションフルーツの栽培が始まり、現在でもわが国の主要産地である。奄美市の栽培農家は二〇二〇年現在で約五五戸、栽培面積は六・四haとなっている。瀬戸内町でも多くの栽培農家があり、皇室への献上もしている。奄美大島全体の栽培面積は二四haで、生産量は一七五tである。

かつては「サマークイーン」と「ルビースター」を栽培していたが、現在では生産性の高い「ルビースター」が栽培されている。作型は年一作で、九月下旬から年末にかけて定植し、一月下旬から花蕾が着いて、二月から四月に受粉、五月から七月にかけて収穫する。収穫後はソルゴーを植えて緑肥として鋤きこみ、年末に再度パッションフルーツを植え付ける。このパターンと、トマトなどと隔年に植え替える輪作を行なっている農家もある。年一作栽培とする理由は、病害虫（円斑病や疫病、ハダニなど）のリセットができるからである。

間口六mのパイプハウスで三列植え、株間は二m前後に定植して、T字あるいは逆L字仕立てで結果枝を左右に垂らし、一結果枝に五～八果程度成らせる栽培が一般的である。最近ではT字マンソン仕立ても試みられており、この方法のほうが大玉果実を収穫することができるという。

西さんの目標収量は一〇a当たり二tで、夫婦で二〇a程度の栽培が精一杯とのことである。一〇a当たり二tの収量だと、一kg一〇〇〇円で販売できても二〇aで四〇〇万円の売り上げにとどまる。そのため、パッションフルーツに加えタンカンなどとの複合経営が行なわれている。

奄美では農協共選（規格は八〇～九〇gがSサイズ、九一～一〇〇gがMサイズ、一〇一g以上がLサイズ）で出荷する農家が多いなか、西さんらは消費者への直販に力を入れている。

栽培上の留意点として、土壌pH五・五〜六・〇になるよう苦土石灰を施用し、良質な堆肥を一〇a当たり二t施用している。早期落果防止と病害の防止のためにハウスの換気を徹底する。また、樹の衰弱や果実の萎れが発生しないよう、果実成熟期から収穫終了期までしっかりと潅水する。収穫果実は乾燥させないで涼しい場所に保管し、果梗部に萎れ防止のためのシールを貼る（123ページ写真6−3参照）。

着色促進のため、腋芽の早期切除を徹底して行ない、果実への日照が遮らないようにする。熟期の果実落果による傷を防ぐために、ひもやクリップによる果梗枝の固定をしっかり行ない、衝撃防止ネットを張って落果果実を受け止められるようにしている。

5　肥培管理

(1)　チッソは多め、リン酸・カリは控えめに

パッションフルーツは、アンモニア態チッソを主体にしたチッソ肥料の要求量が非常に多い一方で、リン酸、カリ肥料の要求量はそれほど多くない。このことに注意が必要である。

チッソ施用量は、系統や地域によって大きく異なるが、なかには一〇a 一三二kgもの量を施してい

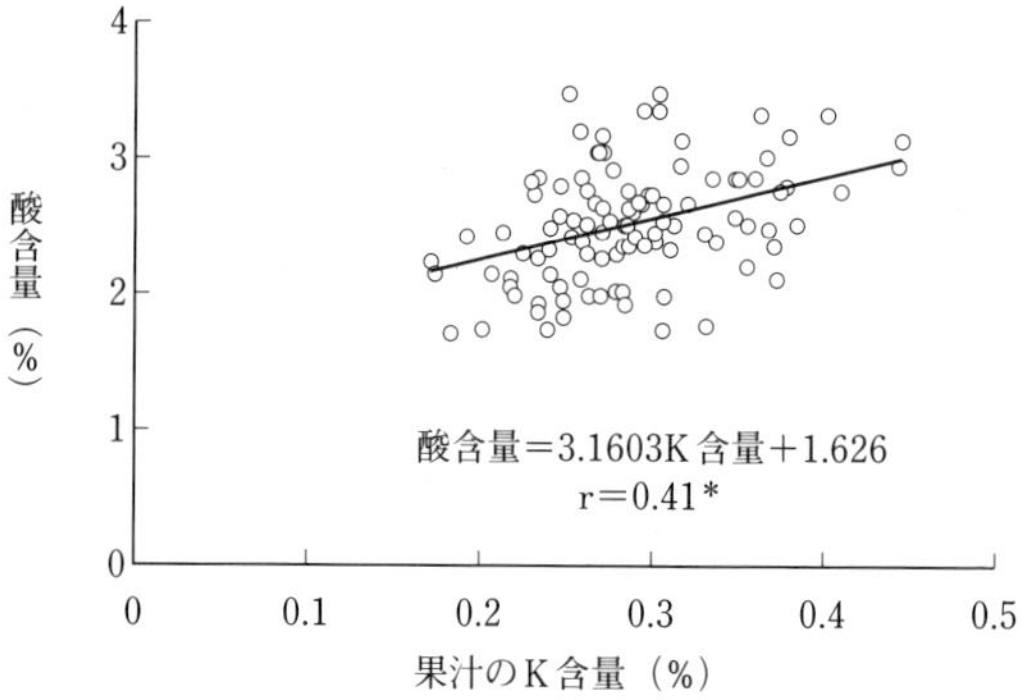

図5―5　果汁の酸含量とカリ含量の関係
＊5％水準で有意差あり

る例さえある。国内でも小笠原諸島の試験で一〇a当たり五〇kgとなっており、施用量はやはり多い。事実、チッソ施用量が多いほど、開花数、収量が増加し、果実品質も優れる。しかし多すぎると、病虫害が出やすいとの報告もある。

チッソ過剰だとつるボケしやすいと心配する生産者も多いが、パッションフルーツに関してはチッソ過剰だけでつるボケは発生しない。オーストラリアの研究では、葉内チッソ含量四・五～五・五％で収量が優れると報告されている。また、葉内チッソ含量が四・九％より六・七％であったほうが果実の酸含量が低く、糖酸比が高くて食味が優れたという報告もある。

一方で、リン酸・カリの過剰施用は果実の酸含量を高め（図5―5）、品質を低下させる。とくに施設栽培では、溶脱がほとんどないため過剰蓄積しがちなので注意する。葉内リン酸含量としては〇・二％程度、カリ含量は二％程度が収量、果実品質ともに優れるが、葉の外観から判断することは困難である（表5―1）。

表5－1　オーストラリアで推奨されている葉内ミネラル成分含量

（Menzel *et al*., 1993 から近藤作成）

葉内ミネラル	含量（%）	葉内ミネラル	含量（μg/g）
チッソ（N）	4.25 ～ 5.25	鉄（Fe）	100 ～ 200
リン酸（P）	0.15 ～ 0.25	マンガン（Mn）	100 ～ 500
カリ（K）	2.0 ～ 3.0	亜鉛（Zn）	50 ～ 80
カルシウム（Ca）	1.75 ～ 2.75	銅（Cu）	5 ～ 20
マグネシウム（Mg）	0.30 ～ 0.40	ホウ素（B）	40 ～ 60

(2) リン酸・カリは元肥で、チッソは肥効を切らさないように

以上の養分特性からパッションフルーツの栽培では、チッソは元肥に加えて追肥が必要になるが、リン酸とカリは元肥中心に施用する。チッソはアンモニア態チッソを好むので、硝化作用を抑制するタイプや、やはりアンモニア態チッソを好むブルーベリー用の肥料を用いるのもよいかもしれない。

具体的には、定植時に元肥として緩効性肥料（一〇：一〇：一〇）を一株当たり一〇〇g程度施用し、着花が確認されたら追肥（硫安など）を開始し（五〇gほど）、その後約一ヵ月おきに追肥する。パッションフルーツでは開花期と果実肥大期が重複するので、この時期の施肥は大玉で多収量を得るために重要になる（表5－2）。

パッションフルーツは果実生産に多量の肥料を必要とする。葉が小さくならないように追肥をこまめにやり、併せて潅水をこまめにやることが必須である。

根域制限しなければ細根は株元から六m離れた地点でも相当量が存在す

表5－2　結果樹の生育ステージ別施肥例

（10a当たり）

生育ステージ	施肥量*（kg）	チッソ成分量（kg）	チッソ施肥割合（%）
生長期	60	6	30
開花盛期	30	6	30
果実肥大期	40	8	40
計	130	20	100

注）*肥料は生長期は「IB 化成」（10 － 10 － 10），それ以外は硫安。目標収量は 2t/10a

る。そのため追肥は広い範囲に施用する。また、根は軟らかく傷付きやすいので、中耕などは控え、有機マルチするのが望ましい。しかし実際栽培では防草シートで表面を覆うことが多い。

6　おもな病気と害虫、登録農薬

(1)　おもな病気

疫病（立枯病）　病原菌は *Phytophthora nicotianae* var. *parasitica*、*P. nicotianae* van. Breda de Haan であり、土壌中に生息する。

加害部位は果実を含む植物体すべてにおよぶ。果実では最初に水浸状灰緑斑が形成され、その後に淡褐色に腐敗して落下する。輸送中の果実でも発生する。地際部で軟腐病斑が形成されると、株全体が急速に萎ちょうして枯死する（写真5－18）。排水性の向上、枯れ葉枯れ枝の除去、株元をプラスチックなどで囲い、水はねを防止することで防除できる。キイロトケイソウは立枯病に抵抗性があるので、台木として用いる

写真5−18　疫病（半身萎ちょう病）の株元

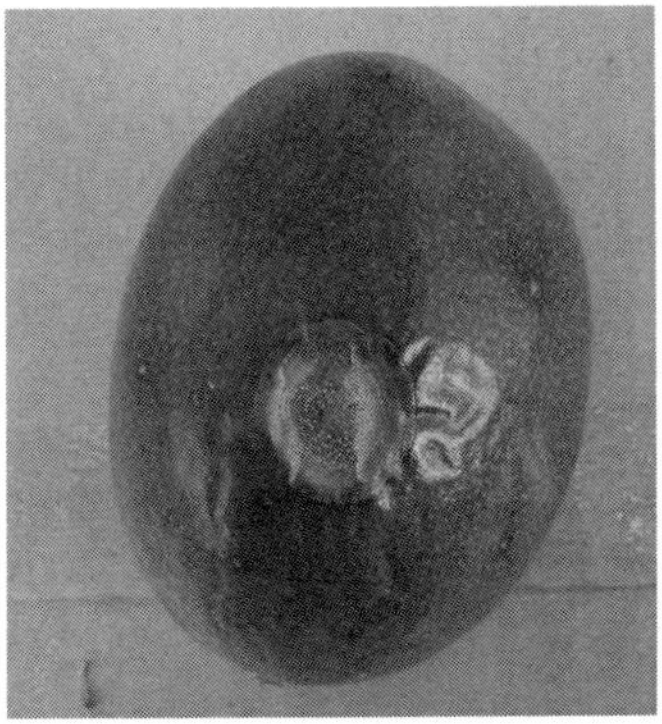

写真5−19　炭疽病の果実

とよい。

円斑病　病原菌は*S. passifloricola* Punith. であり、土壌中に生息する。加害部位は葉、つる、果実である。開花期から収穫期にかけて感染しやすくなる。

葉は淡褐色〜灰褐色で、円形〜不整形の明瞭な斑点を呈する。症状が進行すると、葉全体が黄化して落葉する。果実では淡褐色で円形〜不整形の明瞭な斑点を多数生じる。しかし、果実内部にまでは進行せず、果実は食べられる。降雨や湛水などの跳ね上がりにより感染する。

炭疽病　病原菌は*Glomerella cingulate*（anamorph *Colletotorichum gloeosporioides*）である。収穫前の病気として、葉、茎、果実で容易に確認でき、枯死した組織の上に茶色または黒色の塊が見られる。また収穫後の病気として、樹上で果実が感染し、収穫後に病徴が現われる。果皮表面が陥没し、皺がよる（写真5−19）。

かびは枯死した組織で増殖し、風雨により伝播する。病原菌は温暖で高湿度な条件下で増殖する。

この病気は選果場から小売りへと輸送される過程で散発し、果実が急速に腐って大きなロスを引きおこす。病徴は収穫後にただちに現われるので、選果場で罹病果実を選別することで、輸送中の腐敗を軽減できる。

灰色かび病　病原菌は*Botrytis cinerea* Pers.で、開花直後の花弁や幼果に発生する。果柄基部側から果実に向けて水浸状になって軟化し、病斑部に灰色のかびを密生する。罹病果実は早期落果する。茎にも発生する。多発するときは開花時でも薬剤散布する。

褐斑病　病原菌は*Alternaria alternate*で、若い葉では小さな枯死した斑点が発生する。斑点の周りには六㎜程度の円盤状の黄色の放散が見られる。成葉では枯死した斑点の周りに黄色または橙色の放散が見られる。果実では小斑点が発生し、斑点の中心部は銅色または茶色で、斑点の周囲は水浸状を呈する。

斑点は果皮部にとどまり、一㎝以下の大きさである。果皮の病斑から下方に涙が流れたような跡がまれに見られる。

葉、果実、果梗に付着した乾燥した花弁などの感染部に胞子が形成され、風雨により伝播する。

この病気はたいていのパッションフルーツ園に存在し、過湿状態が継続した場合に、果実の商品性を著しく損なわせる。雨の多い季節に殺菌剤を用いても防除は困難である。枯死または衰弱した枝は切り取ることで、農薬の散布がより効果的になる。

ウイルス病　ウイルス病には、パッションフルーツウッディネスウイルス（PWV）、パッションフルーツモザイクウイルス（PMV）、トケイソウ東アジアウイルス（EAPV）、トケイソウ潜在ウイルス（PLV）など、いくつかのウイルスが関与する。

PWVが感染すると、果実と葉に症状が発生する。葉はクロロシスや皺ができて歪む。ときにはかさぶた状になり、ひび割れる。また果汁が少なくなる。せん定作業で伝播するが、種子感染しないので、実生は感染していない。

EAPVは奄美大島で確認され、一九九七年には全島に広がったが、ウイルスフリーの挿し木苗を配布することで被害地域は劇的に縮小している。EAPVに感染すると葉の萎ちょうやモザイク、果実の奇形、木質化などが発生する。

PLVは二〇一七年一～八月に行なわれた調査の結果、沖縄県全域での感染が確認され、発生圃場率は八五・七％、発生株率は八〇・五％ときわめて高かった。開花から着果にかけ株に負担がかかる時期になると、新芽の萎ちょう、葉のカール、黄化、葉脈間の黄化、葉面の亀裂などの症状が現われる。果実の奇形は報告されていない。

いずれも、発病後の効果的な対策はない。ウイルスも生長点は感染していないので、生長点培養などによるウイルスフリー苗を用いて株を一年程度で早期更新するのがよく、また、ウイルスを伝搬するアブラムシの防除、せん定の際は株を移るたびにハサミなどを次亜塩素酸水溶液で消毒することも重要な予防になる。

PMVに感染すると葉は淡黄色の不透明な斑紋ができ、モザイク病を呈する。果実にもモザイクができ、果汁は少なくなる。

写真5－20　ハダニ被害を受けた葉
多量に発生すると葉や茎が黄化し，光合成が阻害される

(2)　おもな虫害

ミバエ類　世界的にもっとも深刻な害虫はミバエ類である。国内では根絶に成功しているが、二〇一五年には奄美大島でミバエの侵入が確認されている。二〇一六年以降、ミバエ類は確認されていないが、引き続き注意が必要である。多くのミバエ類は幼果に損傷を与え、果実はやがて萎れて落果する。

アブラムシ類　アブラムシ類は生長点付近に寄生し、モモアカアブラムシはウイルス病を伝播する。

カメムシ類　カメムシ類は多くの果樹にとって深

写真5－22　カイガラムシによる果実や葉の被害
枝が込み合うと発生しやすい。適度に間引いておくことが大事

写真5－21　ハナアザミウマによる果実の被害

刻な害虫であるが、パッションフルーツも加害される。幼果を吸うほか、生長点から樹液を吸い枯死させる。幼果を加害した場合は奇形果を発生するともいわれるが、はっきりとしたことはわかっていない。

ハダニ　ハウス栽培での乾燥条件下で発生する。多量に発生すると、葉や茎が黄化し、光合成が阻害される（写真5－20）。

ハナアザミウマ　開花時から果皮を加害し、果皮に小さい突起を生じさせる（写真5－21）。開花後に付着した花弁の内側に生息し、花弁が枯れるまで加害する。開花後は早めに花弁を取り除く。雑草からパッションフルーツへ飛来するので、除草を徹底する。

ネマトーダ　根に小さなコブが形成され、根は腐敗する。ネマトーダが感染すると、立枯病にかかりやすくなる。定植前に土壌殺菌する。

表5－3　パッションフルーツに登録のある農薬（2018年11月29日現在）

対象病害虫	薬剤名	使用倍率	使用時期	使用回数
円斑病・疫病	アミスター10フロアブル ダコニール1000	1,000倍 1,000倍	収穫前日まで 収穫14日まで	3回以内 3回以内
疫病	アリエッティ水和剤	800倍	収穫7日まで	3回以内
カイガラムシ類	モスピラン顆粒水和剤	2,000倍	収穫30日まで	2回以内
カイガラムシ類（幼虫）	アプロードフロアブル	1,000倍	収穫14日まで	2回以内
アザミウマ類	アドマイヤー顆粒水和剤	10,000倍	収穫7日まで	2回以内
ハダニ類	クミアイアタックオイル	100倍	収穫後～開花期	制限なし

カイガラムシ類　葉、茎、果実を加害する。発生の程度がひどくなると、茎の切り口からその内部に入り込むこともある。茎の内部に入り込んだ後に防除することは困難である。枝が込み合うと発生しやすくなるので、適度に枝を間引いておく。とくに施設栽培で多く発生する（写真5－22）。

イエシロアリ　小笠原諸島の父島で、根および地際部を加害すると報告されている。加害されると地上部が急速に衰弱し、枯死する。定植直後と収穫直前にとくに加害が多い。世界的にもイエシロアリの害の報告はほとんど見られない。

マイマイ類　小笠原諸島では、アフリカマイマイ、オナジマイマイの食害が報告されている。いずれも定植直後の苗を食害し、茎をかみちぎられるなどして枯死する。

なお、いずれの病気害虫に対しても、現在国内で登録されている農薬は少ない。防除の際は登録内容をよく確認し、利用する（表5－3）。

7　その他作型（電照栽培、露地栽培）のポイント

ここでは亜熱帯における年一作型以外の作型のポイントを紹介する。栽培管理の基本は年一作型のそれと変わらないので、そちらを参照のこと。

(1)　亜熱帯地域での電照および簡易ハウス利用による栽培（年一〜三作）

最低気温一〇℃以上あれば電照することによって、冬季にも花を得ることが可能になり、任意の時期や周年的に果実を得ることが可能になる。小笠原諸島では、五月の連休の観光客の多い時期にあわせて果実を生産している。その栽培指針によると、電照は一〇〜二〇m^2に六〇Wの電球を一つ、栽培棚の上五〇cm程度に設置するとある。電照のタイミングによってさまざまな作型が考えられるが、その一例を紹介する。

【例1】

八月下旬にハウス内に定植して、九〜十月にかけて主枝を伸長させ、十一〜二月末まで深夜四〜五時間電照する（暗期中断すればよいので何時でもよいが、だいたい二三時〜三時頃）。一〜三月に開花・結実させ四〜六月に収穫する。収穫後に切り返しせん定し、十〜十二月まで開花・結実させて、翌年

の一〜二月に収穫する。この場合も、十一〜十二月に電照処理を行ない、この期間の花蕾が退化しないようにして開花・結実させる（図5−6）。年一作とし、株は一年ごとに更新する。

【例2】

三月下旬に定植して五〜六月に開花・結実させ、七〜九月に自然夏実を収穫する。収穫後、切り返しせん定を行ない、十月から翌年の二月まで深夜四〜五時間電照する。この電照により十一〜二月に開花・結実させ、三〜五月に電照果実を収穫する。収穫後に切り返しせん定し、八〜九月に開花・結実させて十一〜十二月に収穫。収穫後に整枝せん定して、十一〜二月に深夜四〜五時間電照する。二〜四月に開花・結実させ、五〜六月に収穫する。収穫後に切り返しせん定し、八〜九月に開花・結実させて十一〜十二月に収穫する。

以後はこのパターンの繰り返しを行なう。

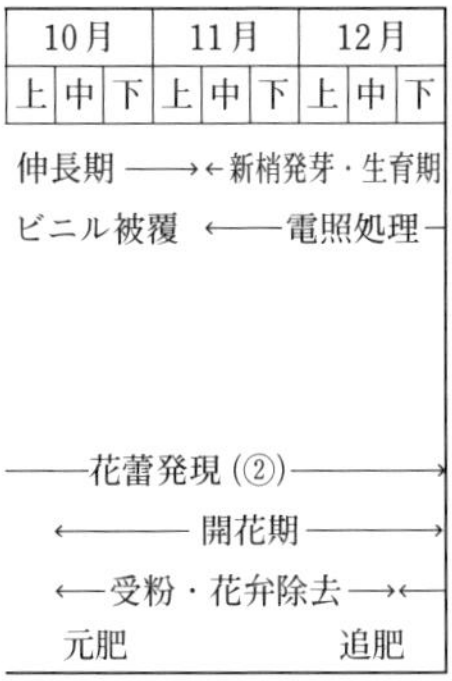

で暗期中断を10月下旬〜

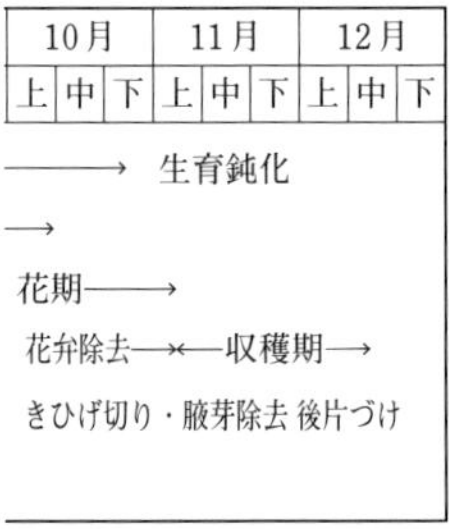

は開花が見られ，受粉すれ
収穫，高温の夏季は花が飛
穫）作型と異なる

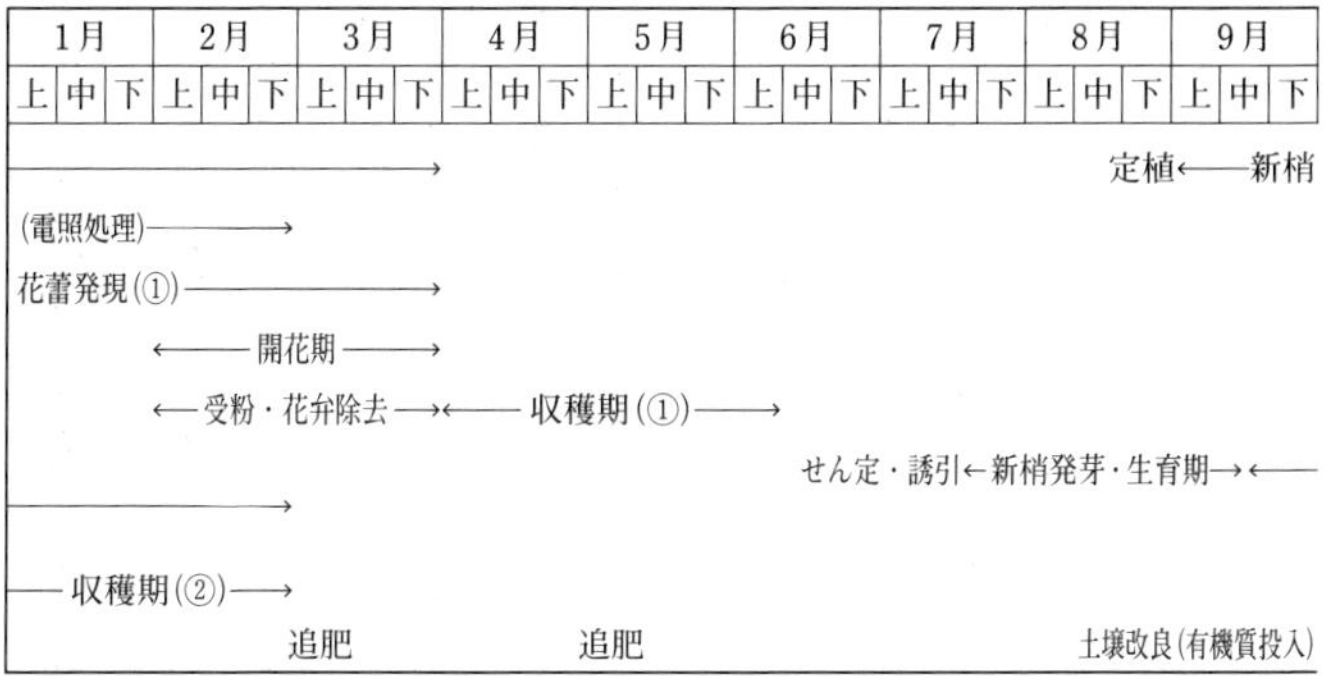

注）電照処理法：5mに1個（60W）の電球を支線上50cmの高さに設置，23時～3時ま
2月下旬に行なう

図5−6　加温パイプハウス電照栽培暦（2回収穫）

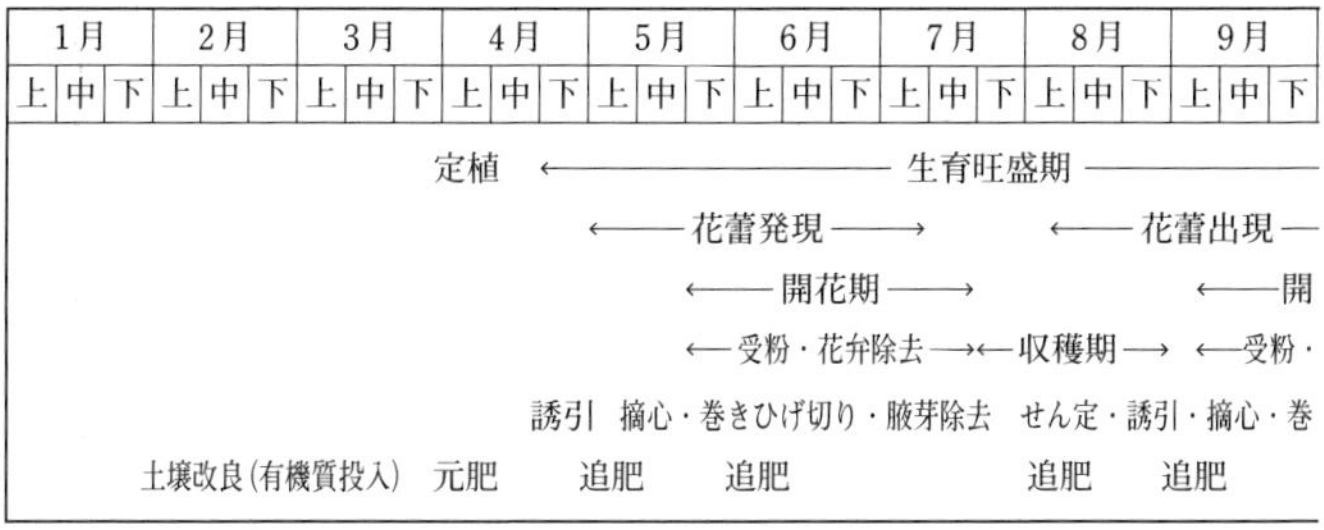

注）春定植で夏季に収穫のピークがある。千葉など夏季に高温になりすぎないところで
ば秋から晩秋季に収穫できる。同じ春植えでも，沖縄のように早春に定植して初夏に
んで収穫できず，ふたたび秋季に開花させて晩秋から冬季にかけて収穫する（2回収

図5−7　本州での露地栽培暦（年1，2回収穫）

(2) 施設での育苗と露地栽培を組み合わせた作型（年一作）

①本州での露地栽培

遅霜の心配がなくなる四月以降に定植し、五～七月にかけて開花・結実させ、七～八月にかけて収穫する。収穫の終了した枝を間引きせん定すれば、収穫期に結果枝基部から発芽した新梢に八月には花蕾が着き、九～十月に開花・結実、十一～十二月にかけて収穫する（図5－7）。この場合、十二月の低温により収穫果実の着色は悪くなるので、収穫後に太陽光にあてて着色させる必要がある。

②大苗確保がカギ

露地への定植は、遅霜の心配のなくなる四月下旬～五月上旬になる。梅雨明け以降は高温により開花しにくくなるので、開花・結実は五～七月が望ましい。梅雨時には露地で開花させても、降雨による花粉の破裂で着果率は著しく低くなるためである。

五月に開花・結実させるには、定植時に大苗が必要になる。とくに吊り下げ型垣根整枝の場合は、主枝長二m程度の大苗が必要になる。マンソン仕立てであれば、主枝を上まで伸長させる期間がないぶん、やや小型の苗でも可能かもしれないが、それでもやはり大苗が必要になる（73ページ写真4－8参照）。四月下旬までに大苗をいかにして得るかが、この作型のカギになる。

写真5－23　2m程度の大苗

③十二月までに大苗を育成

加温ハウスがあれば冬季も栄養生長させることが可能なので、大苗を得ることは容易である。九～十月に挿し木繁殖し、鉢植えにしてまっすぐ上方に伸長させておけば、それほどスペースも取らない（写真5－23）。冬季にトマトなどを栽培しているハウスの隅などで育苗することも可能だろう。また、十二月までに二m程度の大苗を育てることができれば、冬季に栄養生長させる必要もなくなる。系統にもよるが〇～五℃あれば低温で枯死することはまずない。無加温ハウスでも年によるが、西南暖地なら越冬できる可能性は十分にある。また、遮光や硫化水素を施用することによって低温ストレスを軽減する可能性も示唆されている。ワラなどの保温資材で苗を巻いたりする保温も有効であろう。

今後これらが技術として確立されれば、容易に大苗がつくれ、梅雨前の開花、結実、早期出荷の作型ができるかもしれない。

《事例2》

寡日照・寒地での電照栽培、および暖地での主枝長四〇mT字型仕立て　（米本仁巳）

①北海道での電照栽培

北海道の温室で「サマークイーン」「ルビースター」と「ヨネチャン3号」を、おもにポット栽培した。ポットの容量は二〇ℓ、六〇ℓ、一〇〇ℓの三種、行灯仕立てを二〇ℓと六〇ℓで、T字整枝法を六〇ℓと一〇〇ℓポットを使って行なった。

行灯仕立ては、長さ一八〇cmのイボ竹を四本挿してその胴部と頂部に、太いタキロン線で円形の輪をつくって固定した。頂部の輪の直径は、二〇ℓ鉢で五〇cm、六〇ℓ鉢で一〇〇cm、輪から下垂させた結果枝数は前者で約一五本、後者で三〇本とし、各結果枝に三果結実させたので一鉢当たりの収穫果実は二〇ℓ鉢で四五、六〇ℓ鉢で九〇であった。

一方、T字整枝法は六〇ℓと一〇〇ℓ鉢で行ない、六〇ℓ鉢は左右に二m（合計四mの主枝から結果枝を四〇本下垂させ、各側枝に三果結実させて一鉢当たり一二〇果を収穫した。一〇〇ℓ鉢では主枝を四〇m伸ばし、四〇〇本の下垂枝から一二〇〇果実を収穫した。

潅水はスプレータイプの潅水バーブで鉢面がすべて潅水されるようにした。量はpFメーターで〇〜二・〇の間を維持するように、毎日潅水した。潅水液中には「大塚タンクミックス」FとBの標準液を、さらに一〇〇〇倍程度に希釈したものをドサトロン液肥混入器で混合した。また、夏季には二ヵ月に一度の頻度でIB化成肥料（一〇：一〇：一〇）六〇gを鉢表面土壌に施用した。

十一月に定植し、翌年の四月から開花が継続的に続いたので、人工受粉して結実させた。気温は冬季の最低気温を一五℃以上に設定し、昼間は二七℃で換気した。四月に開花したもので八〇日後に落果、夏季に開花したものは六〇日後に落果したので、落果前に離層部に洗濯バサミを用いて落果防止に努め、着色して離層が形成されたものから収穫した。T字整枝法の一部で、下垂枝の底面に防風ネットまたはシルバーシートを張って、これに自然落果させて収穫した。収穫した果実は七〇～一二〇gで、糖度一七～一九度、酸度は一・五～三・〇%であった。

夏季の収穫終了後に下垂させた側枝を三節で切り返しせん定し、その後に発生した新梢を再度下垂させて結実させた。秋分の日以後は夜間二三時から二時まで三時間の夜間分断電照を行なった。九月以後の最低気温は二〇℃に設定し、十一月から開花したものに人工受粉して結実させた。冬季の果実が落果するのに九〇日以上を要した。果実重量は七〇～一二〇gで、糖度は一六～一八度、酸度は二・五～三・五%であった。

②ロング主枝T字仕立て

ただ、一〇〇ℓ鉢で四〇mまで主枝を伸ばしたものでは、着果負担が最大になった頃から日中に枝葉の萎れが見られるようになった。潅水を十分に行なっても吸収できる根域が限られるために起こる萎れと思われる。ポットの根域に応じた主枝の伸長限界があるのであろう。

そこで、鹿児島県指宿市で行なった「ヨネチャン3号」のハウス栽培では、T字仕立ての主枝の長さは四〇mと同じながらポット栽培ではなく地植えにした。そして、主枝から発生したすべての結果枝を垂らして三果ずつ結実させた結果、八〇〇本以上から二四〇〇個の果実を収穫した。この定植は秋季、冬季の最低気温は五℃以上で越冬させ、四月から五月にかけて開花・結実、六～八月に収穫した。果実重は七〇～一二〇g、糖度は一七～一八度、酸度は一・五～二・五％であった。

結果枝を繁茂させすぎたが、地植えで根域制限されていないために日中の萎れは発生しなかった。しかし、内側の結果枝には日光があたらず着色不良となり、糖度も低かった。やはり、主枝から下垂させる結果枝は重なり合わない程度に制限し、果実に日光がよくあたるようにする。そうしなければ着色がよい高糖度な果実は収穫できない。

第6章　果実の食べ頃、加工・利用

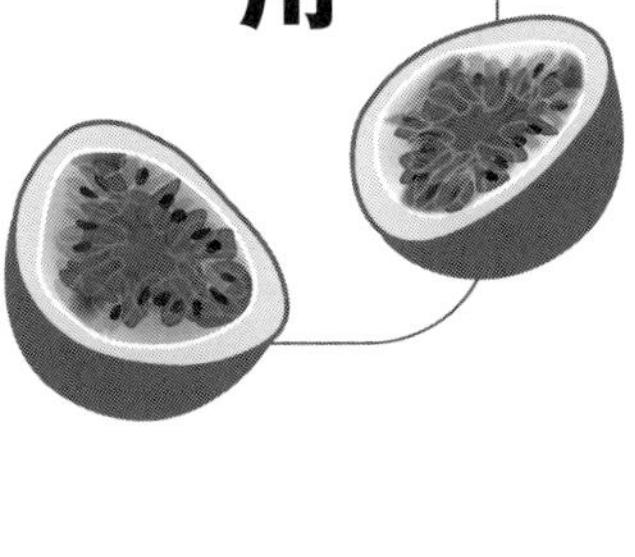

1　食べ頃の判定――「萎れたら食べ頃」は間違い!?

パッションフルーツは受粉後に急速に果実が肥大し、その後は肥大が緩慢となる。この肥大停滞期に果実内に果汁が蓄積される（写真6－1）。この過程で果汁中に糖分が蓄積されるが、夏実では収穫時に最大となり、冬実では気温が低いので糖含量のピークに達した後は落果するまでの期間、ほぼ一定で推移する。ピークまでに要する期間は気温により異なり、石垣島のような温暖な地域では六〇日程度、気温の低い本州のハウス栽培では七〇日以上を要する。

その間に酸含量も最高値に達し、収穫期に向けて低下していく。果実は熟期に達すると果柄部に離層ができて落果するので、この時期が収穫期となる。しかし、多くの系統では酸含量が十分に低下しないうちに落果する。そのため落果直後の果実は酸っぱい。そこで、これまでは収穫した果実を二〇

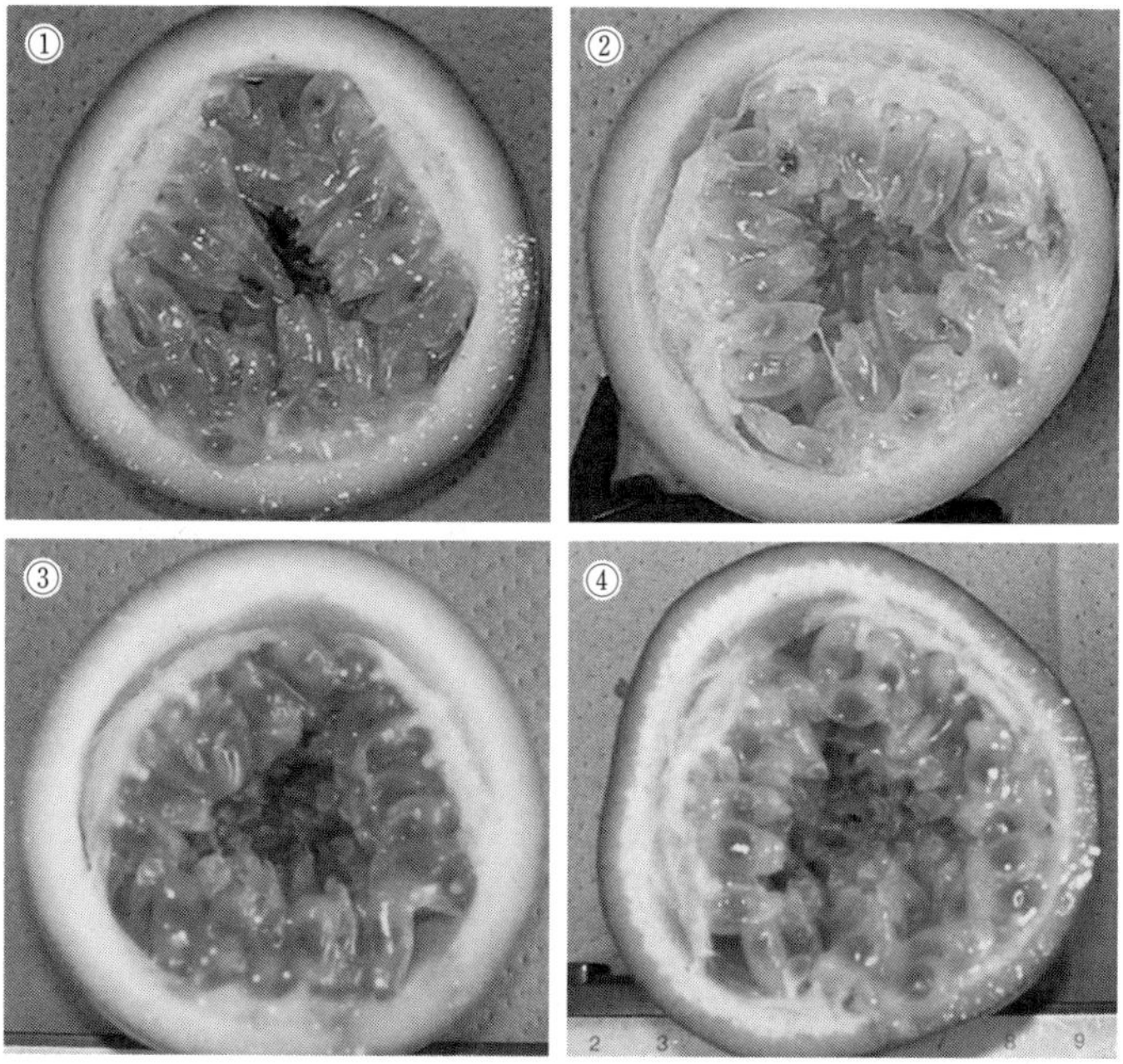

写真6−1　果実の肥大が停滞しているときに果汁が蓄積されていく
①受粉後40日の果実, ②45日後, ③55日後（完熟10日前）, ④66日後（完熟期）（写真の果実は石垣島での冬実で, 最低気温が高いので短期間でピークに達した）

〜二五℃の室温で保存し、果皮が萎れてきたら食べるとよいとされてきた。しかし、萎れた果実は見た目に食欲をそそらないうえ、収穫直後の鮮烈な香りも変化し、失われている。

近年は、収穫直後でも酸含量が一・五％程度の優良系統（「ヨネチャン３号」など）も出てきている（写真６−２）。今後さらに酸含量の低い系統の育成、また、酸含量を低下させる栽培方法（施肥管理や果実を落とさないこと、着果負担を減らすことなど）の確立も期待される。みずみずしく、鮮烈な香りのする収穫直後の果実を楽しめる日も近いかもしれない。

写真6－2　収穫前のヨネチャン3号
収穫直後で酸含量が1.5％程度となる優良系統

写真6－3　収穫果の果梗にセロハンテープやシール（矢印）を貼っておくと，萎れが軽減できる

写真6－4　80%湿度で追熟させる
有孔ポリなら酸素不足にならず湿度が保てるのでよい

それでも追熟が必要な場合には、果柄部を果面すれすれで切除して切り口にセロハンテープを張り付けることで、萎れが軽減できる（写真6－3）。また、フリーザーバッグに小さな穴をあけて数個の果実を入れ、室温で八〇%程度の高湿度で追熟することでも、果実の萎れが軽減できる（写真6－4）。追熟しても萎れていない状態で消費者の手に届く。そうなることで、パッションフルーツの消費がより増えることが期待される。

2　果実の加工、利用法

(1)　まずは種子ごと食べてみる

生食する場合、果皮を器として輪切りにして、スプーンで種子ごと果肉をすくって食べる（写真6－5）。

パッションフルーツは果肉を口に入れたときよりも、種子をかみ砕いたときに酸味を強く感じる。この味の変化をぜひ楽しんでもらいたい。種子そのものには酸味はないが、果肉（種子を包む仮種皮）の種子に近い部分により酸が多く、種子をかむと酸味を強く感じる（写真6－6）。酸っぱいのが苦手な人は、種子をかまずにつるっと飲み込むのもよいが、パッションフルーツを味わい尽くす、また種子に含まれる機能性成分を

写真6－5　果皮を器として輪切りにし，スプーンで種子ごと果肉をすくって食べる

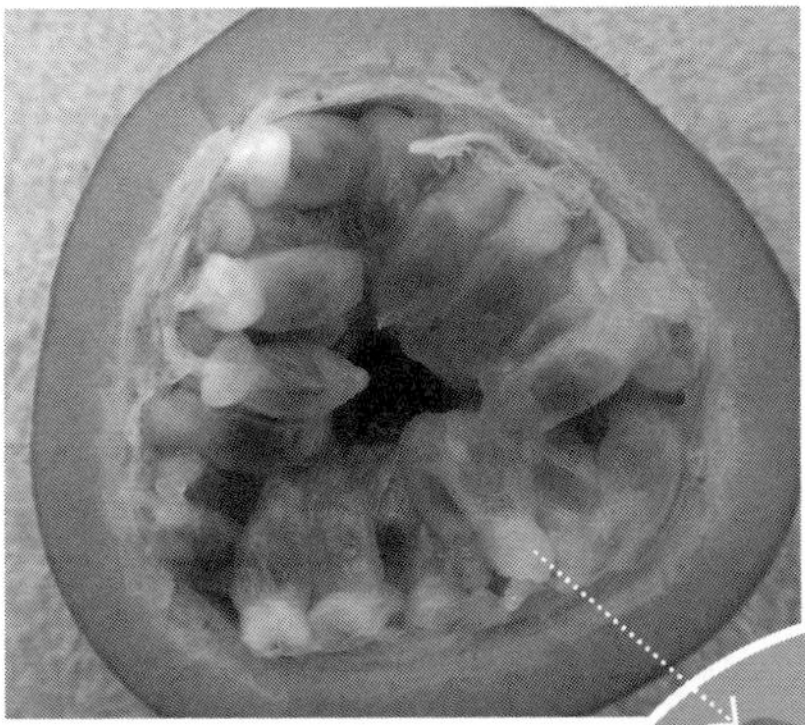

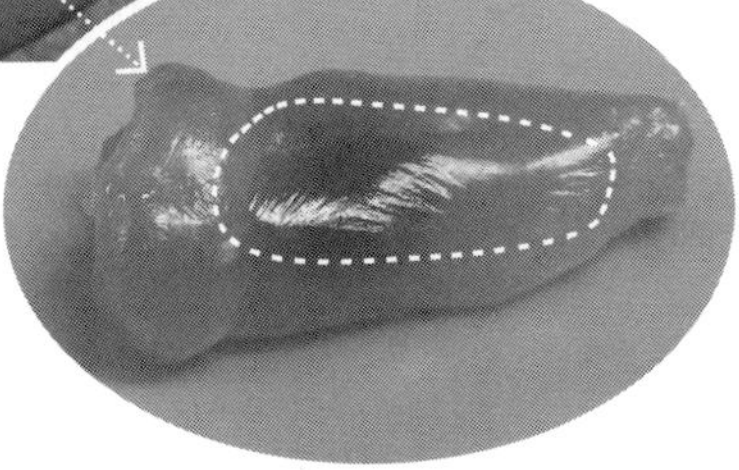

写真6－6　種子の周り（点線で囲んだ部分）**が酸っぱい**

パッションフルーツを味わい尽くすにはこの種子ごとバリバリかみ砕いて食べるのがよい

体に取り込む、という点では断然種子をかみ砕いて食べるほうがよい。最初は種子をバリバリとかみ砕くことに抵抗のある人もいるだろうが、騙されたと思ってぜひ試してもらいたい。

(2) 生食の場合はぜひ常温で

果物は冷やして食べるという固定観念も多い。しかし、パッションフルーツはぜひ常温で食べてもらいたい果物である。もちろん好みはあるが、果物は冷やすものと信じて疑わないだけなら、ぜひ一度試していただきたい。理由は、冷やしてしまうとパッションフルーツの最大の魅力である香りが感じにくくなるからである。香りは果実から揮発し、鼻腔に入ることで認識される。果実を冷やしてしまうとその香り成分が揮発しにくくなり、一番の魅力を台なしにしてしまうわけである。

ジュースにして飲む場合は、果肉をスプーンでかき出してガーゼ状の布で果汁を絞り出すか、ジューサーにかけて種子ごと砕いてジュースにしてしまってもよい。ガーゼで絞る際に、強く絞り出すとジュースは酸っぱくなり、弱く絞ると甘くなる。これも前述の通り、種子の近くの果肉が酸っぱいからである。

(3) ジュースは酸味と香りをいかす

分離した果汁にペクチンを加えて煮詰めることで、ジャムやゼリーに加工できる。ただ、酸味が強すぎるので、好みに合わせて砂糖を加え味を調整する必要がある。パッションフルーツの香りがきいた独特のジャムやゼリーができる。

乳脂肪分が多く、糖分の多いアイスクリームとの相性は非常によい。アイスクリームに果汁をそのまま、または凍らせて砕いてシャーベット状にしたものをトッピングすると絶品である。酸味があるぶん、甘ったるいアイスクリームほど相性がよいと感じている（写真6－7）。

写真6－7　甘いアイスクリームとの相性もよい

また、トロピカルフルーツつながりということでは、マンゴーとの相性も非常によい。とくに国内のマンゴーは酸味がほとんどなく、甘い。少量を食べる場合は非常においしいが、甘すぎてあまり量は食べられない人も多い。しかしマンゴー果汁にパッションフルーツ果汁を加えるとほどよい酸味と香りが加わり、南国気分の盛り上がるトロピカルジュースとなる。

ただし、甘いものなら何でもよいかというと違う。筆者は、はちみつレモンならぬ、はちみつパッションを作成したことがあるが不評だった。どうやら甘さと酸味のバランスだけでなく、香りがうまくマッチすることがカギになりそうである。

写真6－8　果実を切り，好みの蒸留酒を注ぐ
即席のカクテルが楽しめる

(4)　お酒との相性も格別

アルコール、とくに蒸留酒との相性も非常によい。蒸留酒とパッションフルーツ果汁に砂糖と水を加えるだけで簡単に、お洒落なカクテルができあがる（写真6－8）。このとき種子ごと果肉をグラスに沈めると、見栄えもよく、果肉のつぶつぶ感も楽しめる。そんなにお洒落なのはちょっと気が引けるという人は、もっと端的に果実の上部四分の一くらいを切り、果実を酒器としてそこに焼酎を注ぎ、果肉をかき混ぜて飲むというのはどうだろう。パッションフルーツの香りと喧嘩しないように、香りの少ない蒸留酒や焼酎がお勧めである。またフルーツで香りを付けたビールが好きな人なら、ビールにパッションフルーツのジュースを加えてもよい。トロピカル情緒漂うビールが手軽に楽しめる。

(5)　ドレッシング、バター

また、酸味をいかしてドレッシングをつくるのもお勧めである。果汁と酢、油、塩、コショウを好みに合わせて適当に混ぜるだけで完成する。パッションフルーツが香る特別なドレッシングとなる。

ハワイではパッションフルーツを「リリコイ」と呼ぶが、リリコイの果汁をバターや砂糖と合わせ練ったバターをリリコイバターといい、パンやクラッカーにつけて食べるとおいしい（写真6−9）。

リリコイバターのレシピは以下の通り。

〈材料〉

パッションフルーツ果汁一五〇cc（七〜八個分）、砂糖二分の一カップ、無塩バター二〇〇g

〈つくり方〉

①バターを冷蔵庫から出しておく。

②パッションフルーツを半分に切って、種ごと中身をかき出して、ザルで濾すか布などで果汁を絞って一五〇ccになるようにする。

③果汁と砂糖を鍋にかけ、木べらでかき混ぜながら、とろみがつくまで加熱する。

④ボールに入れたバターを泡だて器で滑らかになるまで練る。

⑤④のバターに③の煮詰めた果汁を少しずつ練り込む。全体が混ざったら出来上がり。

写真6−9 ハワイで一般的なリリコイバター

このほかにもハワイには、観光地だけあってさまざまにリリコイを活用したお菓子が存在する。熱を加えると香りは変化するものの、香りをいかにしていかせるか、がパッションフルーツのお菓子の良し悪しを決定する重要な要因だと筆者は感じている。

▼参考文献▲

Beal, P. R. and P. J. Farlow, 1984. Passifloraceae In Tropical Tree Fruits for Australia. Queensland Department of primary Industries.

Manicom, B., C. Ruggiero, R. C. Ploetz and A. de Goes, 2003. Diseases of Passion Fruit In Diseases of Tropical Fruit Crops, Edited by R.C. Ploetz, CABI publishing Cambridge, MA pp.413—441.

石畑清武「パッションフルーツ」『果樹園芸大百科一七巻 熱帯特産果樹』農文協、二〇〇〇年、一〇七—一一六頁

岩佐俊吉『図説熱帯の果樹』養賢堂、二〇〇一年、六一七頁

香川芳子『五訂増補食品成分表二〇一〇』女子栄養大学出版部、二〇〇九年、二四〇頁

果物ナビ（果物情報サイト：https://www.kudamononavi.com）

米本仁巳『熱帯果樹の栽培—完熟果をつくる・楽しむ28種』農文協、二〇〇九年、一八四頁

米本仁巳『庭先でつくるトロピカルフルーツ—小さく育てておいしい34種』農文協、二〇一四年、一二四頁

米本仁巳『ずかんフルーツ』技術評論社、二〇一四年、六八—七一頁

あとがき

食の国際化が進み、いろいろな輸入フルーツが流通している。企業だけでなく農業もまた国際化に対応していかなければならない時代となった。熱帯果樹のバナナやパイナップルには、巨大企業が貧しい熱帯の国々で、巨大なプランテーションを築き、住民たちを低賃金でこき使って安く栽培した果実を、安定的に先進国で販売して巨大な利益を得てきたという歴史があり、私はあまりよい印象をもてなかった。しかし、ハワイに定着したパッションフルーツは「リリコイ」と呼ばれて、住民たちの間でジュースやリリコイバターなどがつくられ、日々の生活に彩りを与えている。これを見て、こうしたかたちでわが国でもトロピカルフルーツが毎日親しまれるようになればよいと願ったことがある。そのきっかけとなったのがまさにこのかわいらしい名前をもつパッションフルーツであった。

トロピカルフルーツをわが国で栽培し、定着させ、愉しむためには、わが国に適した品種の作出が必用不可欠である。幸い、トロピカルフルーツの栽培研究に興味をもつ若い研究者や技術者が現われてきた。本著の共著者である近藤先生もその一人で、先生はパッションフルーツを専門にされている。

今回初めて本を書くことに躊躇する彼に、「本を書くというのは恥をかくこと。恥をかきながら、勉強しなおして再度改訂版を出せばよい」などと叱咤激励しながら成ったのが本書である。残念ながら私はもう改訂版を書き直すこともないだろう。これからは、若い世代の人たちが新品種を育成し、その栽培法を編み出して、その技術を世に示していけばよい。

その過程で、私が諸先輩の書かれたものをベースに仕事を進めたごとく、私たち世代が見出してきた栽培技術をベースにして仕事をしてもらえれば、戦い続けて来た甲斐があるというものである。

最後になったが、著者が三〇年近くにわたり熱帯果樹の栽培研究を行なうなかで、諸先輩方をはじめ、農家や関係機関の方々から多くのことを学ばせていただいた。とくに鹿児島大学名誉教授の石畑清武氏、元近畿大学教授宇都宮直樹氏からは、わが国におけるパッションフルーツ草創期の栽培研究のご苦労を見せていただき、熱帯果樹栽培研究に取り組む勇気を与えていただいた。ここに記して深く御礼申し上げたい。

本書をまとめるにあたり、大変お世話になった農文協編集部に厚く御礼申し上げる。

二〇二〇年七月

米本　仁巳

▶▶▶ パッションフルーツの苗木の入手先

ホームセンターなどでも苗木は入手できるが，本文にもあるように，信頼の置ける苗木屋か知り合いの栽培農家から挿し木苗をゆずってもらうのがよい。

最近はネット販売も充実している。

例：タキイネット通販
https://shop.takii.co.jp

日本熱帯果樹協会 のご案内

(JAPAN TROPICAL FRUIT ASSOCIATION)

熱帯果樹に興味を持つ愛好家が集う会で，平成24年４月に設立。熱帯果樹に関するさまざまな情報の収集や発信，海外の愛好家との交流，品種の収集・保存などを通して熱帯果樹の楽しみを広げている。

主な活動は、

1. 熱帯果樹をテーマとする研究会や会員同士の交流会の開催
2. 熱帯果樹の栽培方法や品種特性などの調査と情報提供
3. 海外での栽培の様子や果実の楽しみ方などの調査と情報提供
4. マンゴーフェスティバルやアボカドフェスティバルなどのイベント開催
5. アメリカやハワイ，アジアなどの海外を訪問し，現地の栽培者，研究者と交流

このほか年２回の会報，ニュースレターも発行している。
詳しい活動内容や入会の問い合わせは，
https://www.jtfa.info/まで。

著者略歴

米本　仁巳（よねもと　よしみ）

1954年、和歌山県生まれ。カリフォルニア州立ポリテクニック大学パモーナ校卒業。現在は日本熱帯果樹協会代表理事。

おもな著書に、『熱帯果樹の栽培』『新特産シリーズ マンゴー』『新特産シリーズ アボカド』『庭先でつくるトロピカルフルーツ』『そだててあそぼう マンゴーの絵本』（いずれも農文協刊）など。

近藤　友大（こんどう　ともひろ）

1981年、東京都生まれ。2013年、京都大学農学研究科修了。現在は宮崎大学地域資源創成学部准教授。

パッションフルーツ・アボカドなど熱帯果樹の栽培管理や生理生態に関する研究に従事。

◆新特産シリーズ◆

パッションフルーツ――プロから家庭栽培まで

2020年 7 月20日　第 1 刷発行

著者　米本 仁巳・近藤 友大

発行所　一般社団法人　農山漁村文化協会
郵便番号　107-8668　東京都港区赤坂7丁目6－1
電話　03(3585)1142(営業)　03(3585)1147(編集)
FAX　03(3585)3668　　振替　00120-3-144478
URL http://www.ruralnet.or.jp/

ISBN978-4-540-19121-3　製作／(株)農文協プロダクション
〈検印廃止〉　印刷／(株)新協

製本／根本製本(株)
Printed in Japan　定価はカバーに表示
乱丁・落丁本はお取り替えいたします。